Dr Shivakumar M S
Dr Krishnamurthy G
Dr Mylarappa M

Deposição electrolítica de nanopartículas de Ni/Co/Cu em substrato de grafite

Dr Shivakumar M S
Dr Krishnamurthy G
Dr Mylarappa M

Deposição electrolítica de nanopartículas de Ni/Co/Cu em substrato de grafite

Nanopartículas para estudos de células de combustível

ScienciaScripts

Imprint

Cover image: www.ingimage.com

This book is a translation from the original published under ISBN 978-620-8-41773-4.

Publisher:
Sciencia Scripts
is a trademark of
Dodo Books Indian Ocean Ltd. and OmniScriptum S.R.L publishing group

120 High Road, East Finchley, London, N2 9ED, United Kingdom
Str. Armeneasca 28/1, office 1, Chisinau MD-2012, Republic of Moldova, Europe
Managing Directors: Ieva Konstantinova, Victoria Ursu
info@omniscriptum.com

Printed at: see last page
ISBN: 978-620-8-62091-2

ÍNDICE

Capítulo - 1

Nanopartículas de óxidos Ni/Co/Cu suportadas em grafite para estudos de armazenamento de energia

CAPÍTULO-1

1.1 Introdução

Nos últimos anos, sob a força motriz da redução da poluição ambiental e da produção de energia limpa, têm sido feitos grandes esforços a nível mundial para gerar energia de formas mais eficientes e amigas do ambiente. As pilhas de combustível têm atraído uma atenção significativa como tecnologia promissora devido à sua elevada eficiência de conversão de energia e às suas emissões baixas ou nulas [1]. No entanto, é necessário ultrapassar os obstáculos técnicos à comercialização das pilhas de combustível. Um dos principais obstáculos é o elevado custo dos catalisadores à base de platina (Pt). Assim, é necessário desenvolver catalisadores alternativos e menos dispendiosos para reduzir a necessidade ou substituir completamente os catalisadores à base de Pt [2] e a utilização de catalisadores adequados. Para melhorar a atividade catalítica, a estabilidade e a utilização do catalisador, o componente ativo é geralmente disperso num suporte. Os materiais de carbono são a melhor escolha como suporte do electrocatalisador devido à sua grande área de superfície específica, forte resistência à corrosão e baixo preço.

A elevada condutividade, a elevada área de superfície específica e uma grande quantidade de mesoporos ou macroporos são requisitos contraditórios, pelo que é um grande desafio obter materiais de carbono com excelentes propriedades. A conceção e o desenvolvimento de excelentes materiais de carbono serão difíceis. Desde 1998, tem havido uma variedade de novos materiais de carbono, como grafite, nanofibras de carbono de grafeno (CNFs), nanotubos de carbono (CNTs), carbono poroso ordenado (OPC), microesferas de mesocarbono (MCMBs), nanohorns de carbono (CNHs), nanocoils de carbono (CNCs) e aerogéis de carbono (CAGs) que têm sido investigados como suportes de electrocatalisadores em células de combustível de membrana de permuta de protões, tendo sido alcançados alguns resultados impressionantes. Aqui, a aplicação destes materiais de carbono em DMFC é revista em pormenor.

Os materiais de nanocarbono têm suscitado um interesse crescente como suportes de catalisadores para células de combustível de membrana de permuta de protões (PEMFC), devido à sua elevada área superficial, elevada condutividade eléctrica, elevada estabilidade estrutural e elevada resistência à corrosão [1-4]. No entanto, continua a ser um desafio depositar uniformemente as nanopartículas catalíticas, como Pt/Ag, Ru, Rh, Pd, Cd e as suas ligas com metais não nobres, como Co, Ni, Cu, Zn, etc., na superfície dos CNT, especialmente no caso de cargas metálicas elevadas, devido à natureza quimicamente inerte dos CNT. Assim, muito esforço tem sido dedicado à modificação e funcionalização da superfície dos CNTs para aumentar a atividade e a interação entre os CNTs e as nanopartículas metálicas através do tratamento químico dos CNTs com HCl, H_2SO_4, HNO_3, O_3, $KMnO_4$, OsO_4, RuO_4, H_2O_2 etc. [5-11].

Durante o tratamento, a superfície do Grafite/CNTs/Grafeno é gravada e modificada, de modo a formar defeitos, curvaturas para funcionalizar com grupos como carboxilo [12-14], amina [15], grupos sulfona [16] e polímeros [17,18]. Liu et al. [19] utilizaram uma mistura concentrada de H_2SO_4 /HNO_3 para cortar as longas cordas altamente emaranhadas de CNTs em tubos curtos e abertos, formando assim muitos grupos carboxílicos na extremidade aberta. Zhang et al. [20], Tian et al. [3] relataram o pré-tratamento de CNTs.

As reacções electrocatalíticas nas células de combustível envolvem reacções trifásicas, como o transporte nas fases sólida, líquida e gasosa e a transferência de electrões e protões. Um suporte de carbono ideal deve possuir simultaneamente uma elevada área de superfície específica, boa condutividade eléctrica, tamanho de poro adequado e boa resistência à corrosão. Podem suportar os grupos funcionais de superfície necessários para garantir que as reacções ocorram continuamente e que o electrocatalisador tenha um tempo de vida mais longo. Especificamente, a carga metálica do electrocatalisador não deve ser inferior a 40%, o que exige que o suporte de carbono tenha uma grande área de superfície específica para proporcionar uma boa dispersão dos componentes activos e uma elevada atividade e boa estabilidade para os catalisadores. A área de superfície específica de um suporte de electrocatalisador ideal deve situar-se entre 400 e 600 m^2/g. Para que os reagentes e os produtos tenham acesso aos sítios activos e saiam da superfície, é também necessário que o suporte de carbono tenha mesoporos ou macroporos suficientes e uma morfologia adequada. Além disso, as reacções electrocatalíticas exigem que os suportes de carbono tenham uma boa condutividade eletrónica (grau de grafitização) para reduzir a resistência do elétrodo e também para proteger o suporte de carbono da oxidação. São também necessários grupos funcionais de superfície adequados para atuar como âncoras para as partículas metálicas durante a preparação do catalisador, o que melhoraria o tempo de vida do catalisador e a dispersão dos componentes activos. O carvão ativado XC-72R ainda não consegue satisfazer estas exigências de um suporte ideal para o electrocatalisador, apesar de ser o melhor material de suporte comercial. Por conseguinte, o desenvolvimento de novos materiais de carbono e a modificação dos existentes são motivo de preocupação.

1.2 Pilhas de combustível

Uma célula de combustível é um dispositivo que converte a energia química de um combustível em eletricidade através de uma reação química com o oxigénio ou outro agente oxidante. Existem muitos tipos de células de combustível, mas todas são compostas por um ânodo, um cátodo e um eletrólito. Nas interfaces dos três segmentos diferentes ocorrem duas reacções químicas: no ânodo, um catalisador oxida o combustível (normalmente hidrogénio, metanol, etanol, *etc.*) produzindo um ião de carga positiva e um eletrão; o eletrólito é uma substância especificamente concebida para que os iões possam passar através dela, mas os electrões não. Os electrões libertados viajam através de um fio, criando a corrente eléctrica. Os iões viajam através do eletrólito para o cátodo. Quando chegam ao cátodo, os iões reúnem-se com os electrões e os dois reagem com um terceiro químico, normalmente o oxigénio, para criar água ou dióxido de carbono. O resultado líquido das duas reacções é o consumo de combustível, a criação de água ou dióxido de carbono e a geração de uma corrente eléctrica, que pode ser utilizada para alimentar dispositivos eléctricos.

1.3 História da tecnologia das pilhas de combustível

A origem da tecnologia das células de combustível é atribuída a Sir William Robert Grove (1811- 1896). Grove foi educado em Oxford e praticou direito de patentes enquanto estudava química. Em 1838, Grove desenvolveu uma bateria de célula húmida melhorada que lhe trouxe fama . Com base na sua investigação, o processo de eletrólise envolveu a utilização de eletricidade para dividir a água em hidrogénio e oxigénio. Chegou também à conclusão de que a reação oposta deve ser capaz de produzir eletricidade. Com base nesta hipótese, Grove desenvolveu um dispositivo que combinava o hidrogénio e o oxigénio para produzir eletricidade. Assim, Willam Grove desenvolveu a primeira pilha a gás do mundo. Mais tarde, esta bateria de gás ficou conhecida como célula de combustível. Está a decorrer muita investigação ativa em todo o mundo para resolver os problemas técnicos que impedem as pilhas de combustível de se tornarem comercialmente utilizáveis. Alguns destes problemas actuais incluem o elevado custo inicial de fabrico da pilha de combustível, a dificuldade em fornecer combustíveis às células e a falta de conhecimentos adequados da indústria sobre a pilha de combustível [1].

Estes problemas respondem a três necessidades. Em primeiro lugar, reduzir o custo de produção das pilhas de combustível. Estes problemas são principalmente problemas tecnológicos ou de fabrico associados a cada tipo de pilha de combustível. A segunda questão está relacionada com a política e a tecnologia. Uma infraestrutura correta e adequada para as pilhas de combustível, um após o outro tipo, para apoiar as necessidades específicas da pilha. Além disso, são necessárias várias alterações políticas que possam ter em conta a nova fonte de energia eléctrica, nomeadamente a normalização, os códigos de segurança, os regulamentos para a produção dos combustíveis e a distribuição dos mesmos. O último obstáculo que tem de ser resolvido antes do início da comercialização é a necessidade de familiarizar a indústria energética com esta tecnologia emergente. Esta educação da indústria ocorrerá ao longo do tempo, à medida que a tecnologia se torna mais comum como forma de produção de energia e à medida que as próprias empresas de energia avançam para uma forma de produção de energia eléctrica mais baseada no hidrogénio. Assim, como introdução às pilhas de combustível, precisamos de estudar as pilhas por duas razões importantes. Em primeiro lugar, são uma tecnologia emergente que precisa de ser compreendida, permitindo assim a continuação da I&D e o eventual lançamento da comercialização. Em segundo lugar, precisamos de estudar as células de combustível porque precisamos de saber como a presença de células de combustível irá alterar a aplicação atual de dispositivos dependentes da energia.

1.4 Classificação da pilha de combustível

As células de combustível são classificadas de acordo com o tipo de eletrólito que utilizam. Com exceção de alguns tipos especiais, os cinco principais tipos de pilhas de combustível são: i) Célula de combustível alcalina (AFC), ii) Célula de combustível de membrana permutadora de protões (PEMFC), iii) Célula de combustível de ácido fosfórico (PAFC), iv) Célula de combustível de carbonato fundido (MCFC) e v) Célula de combustível de óxido sólido (SOFC)

1.4.1 Pilhas de combustível alcalinas

A pilha de combustível funciona com hidrogénio e oxigénio comprimidos. Geralmente utilizam como eletrólito uma solução de hidróxido de potássio (KOH) em água. A eficiência é de cerca de 70 % e a temperatura de funcionamento é de 150 a 200° C (cerca de 300 a 400° F). A potência da célula varia entre 300 W e 5 kW e utiliza combustível não carbonoso.

1.4.2 Célula de combustível de membrana permutadora de protões (PEM)

Esta célula de combustível funciona com um eletrólito de polímero sob a forma de uma folha fina e permeável. A eficiência é de cerca de 40 a 50 por cento e a temperatura de funcionamento é de cerca de 80° C (cerca de 175° F). As potências das células variam geralmente entre 50 e 250 kW. O eletrólito sólido e flexível não apresenta fugas nem fissuras e estas células funcionam a uma temperatura suficientemente baixa para serem adequadas para casas e automóveis. Mas os seus combustíveis devem ser

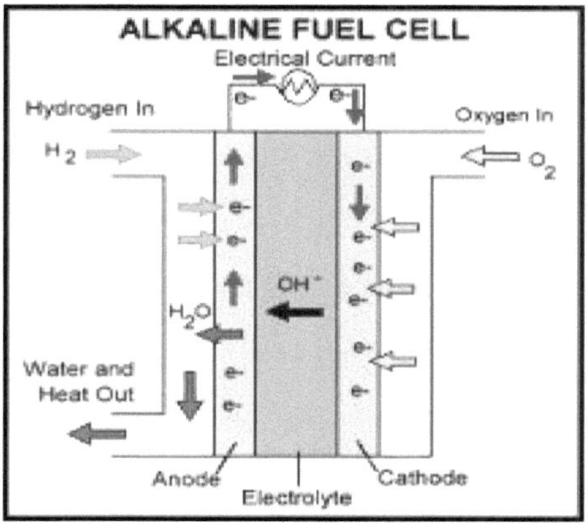

Fig.1.1 Pilhas de combustível alcalinas

purificada, e é utilizado um catalisador de platina em ambos os lados da membrana, o que aumenta os custos. É uma célula de combustível de baixa temperatura (25 -100° C). Nela pode ser utilizado combustível carbonoso.

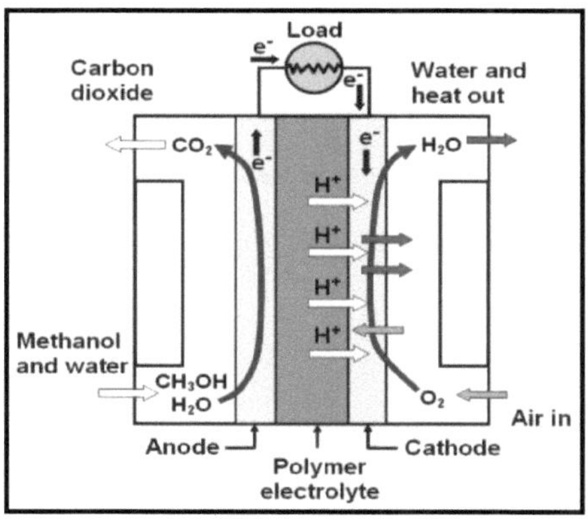

Fig.1.2 Célula de combustível com membrana de permuta de protões

1.4.3 Pilhas de combustível de ácido fosfórico (PAFC)

Nesta célula de combustível, o ácido fosfórico é utilizado como eletrólito. A eficiência varia entre 40 e 80 % e a temperatura de funcionamento situa-se entre 150 e 200° C (cerca de 300 a 400° F). As células de ácido fosfórico existentes têm potências até 200 kW e foram testadas unidades de 11 MW. As PAFC toleram uma concentração de monóxido de carbono de cerca de 1,5 por cento, o que alarga a escolha dos combustíveis que podem utilizar. Se for utilizada gasolina, o enxofre deve ser removido. São necessários eléctrodos-catalisadores de platina e as peças internas devem ser capazes de resistir ao ácido corrosivo.

1.4.4 Pilhas de combustível de carbonato fundido (MCFC)

Esta célula de combustível funciona a alta temperatura. Os sais de sódio ou magnésio (como os carbonatos) são utilizados como eletrólito. A eficiência varia entre 60 e 80 por cento e a temperatura de funcionamento é de cerca de 650° C (1.200° F). Foram construídas unidades com potência até 2 MW e existem projectos para unidades até 100 MW. A temperatura elevada limita os danos provocados pelo "envenenamento" da célula por monóxido de carbono e o calor residual pode ser reciclado para produzir eletricidade adicional. Os seus electrodos-catalisadores de níquel são baratos em comparação com a platina utilizada noutras células. Mas a alta temperatura também limita os materiais e a utilização segura das MCFC. Provavelmente, seriam demasiado quentes para utilização doméstica. Além disso, os iões de carbonato do eletrólito são consumidos nas reacções, tornando necessária a injeção de dióxido de carbono para compensar.

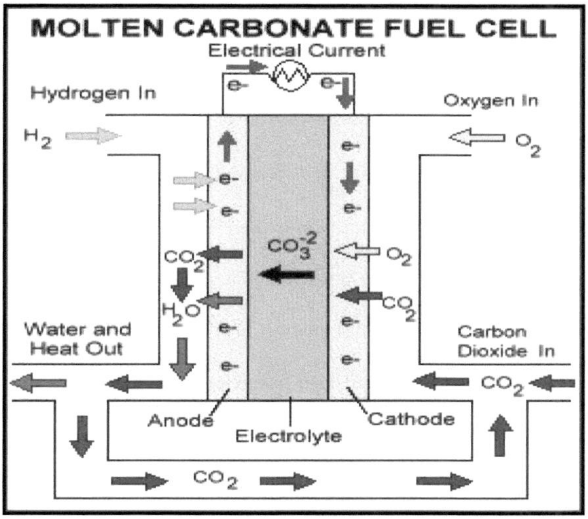

Fig. 1.3 Célula de combustível de carbonato fundido

1.4.5 Células de combustível de óxido sólido (SOFC)

Esta pilha de combustível utiliza um composto cerâmico duro de óxidos metálicos (como o cálcio ou o zircónio) como eletrólito. A eficiência é de cerca de 60 % e as temperaturas de funcionamento são de cerca de 1.000° C (cerca de 1.800° F). A potência da célula é de até 100 kW. A temperaturas tão elevadas, não é necessário um reformador para extrair o hidrogénio do combustível e o calor residual pode ser reciclado para produzir eletricidade adicional. No entanto, a temperatura elevada limita as aplicações das unidades SOFC e estas tendem a ser bastante grandes. Embora os electrólitos sólidos não possam vazar, podem fissurar.

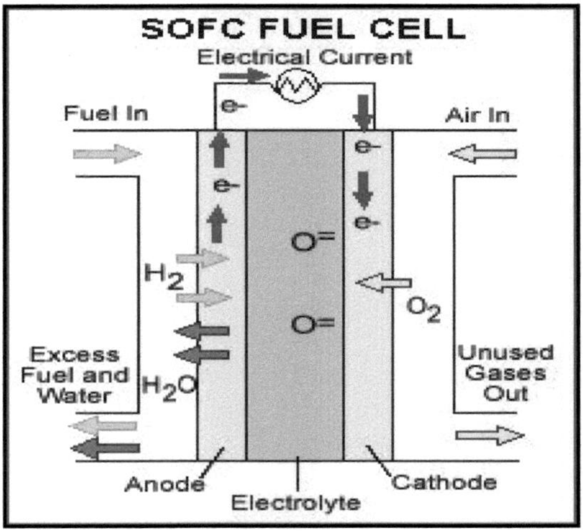

Fig. 1.4 Célula de combustível de óxido sólido

1.5 Electrocatalisadores e suportes de carbono

1.5.1 Electrocatalisador

Um electrocatalisador é um catalisador que participa em reacções electroquímicas. Os materiais catalisadores modificam e aumentam a velocidade das reacções químicas sem serem consumidos no processo. Os electrocatalisadores são uma forma específica de catalisadores que funcionam em superfícies de eléctrodos ou podem ser a própria superfície do elétrodo. Um electrocatalisador pode ser heterogéneo, como uma superfície de platina ou nanopartículas,[2] ou homogéneo, como um complexo de coordenação ou uma enzima. O electrocatalisador ajuda na transferência de electrões entre o elétrodo e os reagentes e/ou facilita uma transformação química intermédia descrita por uma semi-reação global

1.5.2 Catalisadores em células de combustível

Atualmente, as pilhas de células de combustível de baixa temperatura, tais como as células de combustível de membrana permutadora de protões (PEMFC) ou as células de combustível de metanol direto (DMFC), utilizam amplamente os catalisadores. Um "bom" catalisador, que possa satisfazer os requisitos das pilhas de combustível, deve ser estável a longo prazo em contacto com reagentes, produtos e electrólitos. Além disso, deve ser electroquimicamente ativo, facilmente reciclável e menos dispendioso. No entanto, durante o funcionamento das actuais células de combustível, a atividade e a eficiência dos catalisadores são normalmente reduzidas devido ao envenenamento dos catalisadores por impurezas [3]. Por conseguinte, o desafio que se nos coloca consiste em encontrar novos catalisadores com maior atividade e estabilidade, a fim de reduzir os custos e melhorar a eficiência da transferência de energia [4].

1.5.3 Catalisadores possíveis

Embora se esteja a começar a procurar catalisadores que não sejam de Pt (por exemplo, catalisadores à base de Pt, Ru, Ni, Cu e Co), até agora, os catalisadores de metais não nobres não podem competir com os catalisadores à base de Pt e normalmente produzem uma maior quantidade de H_2O_2 no cátodo, o que pode causar a degradação da membrana [5-7]. Assim, a Pt tem-se revelado e continua a revelar-se um material muito promissor na catalisação tanto do lado do ânodo para a reação de oxidação do metanol [8,9] como do lado do cátodo para a reação de redução do oxigénio [10, 11] em células de combustível (DMFC, PEMFC). Além disso, no que diz respeito ao catalisador anódico em células de combustível, os catalisadores de Pt-Ru em diferentes suportes de carbono são considerados o segundo tipo mais importante de catalisadores e também têm sido vistos como catalisadores anódicos muito eficazes para células de combustível de metanol direto (DMFC) [12, 13]. Foi também referido que a Pt-W, a Pt-Sn, a Pt-Ru-Mo e a Pt-Ru-Ir apresentam uma boa atividade [14] na reação de oxidação do metanol. Para a electro-oxidação do etanol [15], a Pt-Pd e a Pt-Ru- Pd revelaram-se bons catalisadores para a reação de oxidação do glicerol. No que diz respeito aos catalisadores catódicos em células de combustível, para além dos catalisadores de Pt, verificou-se que as ligas de Pt melhoram o desempenho da reação de redução do oxigénio em 40 a 60 mV [16, 17]. Assim, nos últimos anos, a atividade electrocatalítica das ligas de Pt, tais como Pt-Cr, Pt-Co, Pt-Ni, Pt-Fe, Pt-Ti e Pt-Ta [18-27], tem sido objeto de relatórios sobre a reação de redução do oxigénio. Por conseguinte, a liga de Pt com outros metais para reduzir o teor de Pt tem suscitado um grande interesse por ser considerada um poderoso candidato a catalisador de células de combustível. Por outro lado, parece que a maioria das pilhas de células de combustível ainda tende a utilizar catalisadores de Pt não ligados [28].

1.5.4 Síntese de catalisadores

Foram sugeridas muitas vias químicas para a preparação de catalisadores suportados em carbono para células de combustível

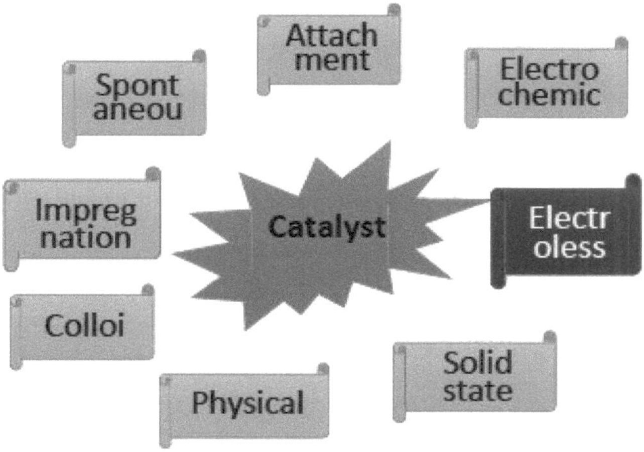

Fig 1.5 Diferentes métodos para preparar nanopartículas de catalisador para células de combustível

Foram sugeridas muitas vias químicas para a preparação de catalisadores de células de combustível suportados em carbono (Figura 1.5). Tipicamente, os métodos mais utilizados são a impregnação [29], misturando o material de suporte com sais metálicos adequados, e o método coloidal [30-33], depositando os agregados metálicos coloidais formados primariamente nos materiais de suporte subjacentes com ambos , seguido de uma etapa de redução com agentes redutores fortes. Com base em alguns estudos notáveis, o método coloidal provou ser uma forma bem sucedida de controlar o tamanho e a forma dos agregados.

No entanto, as impurezas, tais como ligandos ou protectores, são facilmente envolvidas na solução do banho, o que pode diminuir a atividade catalítica dos catalisadores metálicos [34, 35]. Com base em alguns estudos notáveis [36], o método coloidal provou ser uma forma bem sucedida de controlar o tamanho e a forma dos aglomerados. No entanto, as impurezas, tais como ligandos ou protectores, são facilmente envolvidas na solução do banho, o que pode diminuir a atividade catalítica dos catalisadores metálicos

[37-38]. Em contrapartida, a impregnação é bastante mais simples e mais barata do que o método coloidal, mas o tamanho e a dispersão dos aglomerados no suporte, especialmente os que têm superfícies inertes, são bastante difíceis de controlar [39]. Além disso, a evaporação física [40], a reação em estado sólido com sais metálicos a temperaturas elevadas [41], a via de deposição eletroquímica para a preparação de metais bem dispersos quando são utilizados modelos adequados [42-49] devido à elevada pureza dos depósitos, à simplicidade de funcionamento, ao fácil controlo da carga, etc. [50]. [50]. Além disso, a deposição electrolítica está a tornar-se uma via cada vez mais atractiva a partir de soluções salinas com a ajuda de agentes redutores ou catalisadores [51, 52], a fixação após oxidação de suportes de carbono [53, 54] e a redução espontânea de iões metálicos sem qualquer redutor em resultado de reacções redox diretas entre os iões metálicos e os defeitos funcionais dos materiais de suporte de carbono [55-57] são também vias possíveis para fixar nanopartículas metálicas em determinados suportes catalíticos subjacentes para materiais nanoestruturados.

1.5.5 Preparação do electrocatalisador suportado em carbono

Foram aplicados muitos métodos para a preparação de catalisadores de células de combustível suportados em carbono. Em termos gerais, estes métodos podem ser agrupados em dois grupos principais: os que se baseiam na deposição a partir do gás-vácuo (ou fase) e os que se baseiam na deposição a partir da fase líquida. A deposição de metais a partir da fase gasosa está bem adaptada a superfícies planas, mas é menos útil para substratos porosos, como os materiais de carbono, devido à dificuldade de penetração dos precursores metálicos nos poros das partículas de carbono. Por este motivo, é preferível a deposição de metais a partir da fase líquida. Entre os diferentes métodos habitualmente utilizados para preparar electrocatalisadores contam-se: impregnação (tanto húmida como incipiente), síntese coloidal, posição do elétrodo e deposição em fase vapor. Dadas as cargas normalmente elevadas necessárias para obter actividades significativas (normalmente 20-40% em peso, mas que podem facilmente aumentar até 60-80% em peso), alguns destes métodos não são adequados. Além disso, não há garantia de que as novas partículas depositadas não se agreguem para formar aglomerados metálicos maiores sobre as antigas. Uma metodologia que frequentemente produz nanopartículas bem dispersas em condições de carga elevada envolve a utilização de espécies surfactantes. Neste caso, o tensioativo é adsorvido na interface metal-solução e controla o crescimento das nanopartículas metálicas. O passo de adsorção requer normalmente o tratamento térmico e/ou oxidativo para a degradação do tensioativo [58-60].

1.5.6 A estrutura do carbono

O carbono é único entre os elementos químicos, na medida em que pode existir em várias formas sólidas ou alótropos. A forma mais macia e natural é a grafite, que pode existir tanto na forma hexagonal como na forma rômbica. Na grafite, os átomos estão dispostos numa estrutura polimérica bidimensional, em forma de folha. Cada folha pode ser considerada como um sistema fundido de hexágonos. As camadas paralelas de hexágonos estão fracamente ligadas por forças de Vander Waals e estão separadas por cerca de 0,335 nm. Apenas três dos electrões de valência dos átomos de carbono estão envolvidos na formação de ligações híbridas sp^2, o que significa que o quarto eletrão forma uma ligação. Como os electrões são móveis, a grafite é um bom condutor elétrico, o que é uma caraterística importante para aplicações em células de combustível. Os electrões no interior da grafite podem também reagir com outros elementos sem perturbar a estrutura da camada. Alguns átomos, moléculas ou iões que reagem podem intercalar-se entre as camadas e causar um aumento ou uma diminuição da condutividade eléctrica.

1.5.7 Conceitos básicos

O carbono tem a configuração eletrónica $1s^2$, $2s^2$ e $2p^2$ e pode hibridizar-se nas formas sp, sp^2 ou sp^3. Esta é uma propriedade única do carbono entre os elementos do seu grupo na tabela periódica. Tem havido um enorme interesse pela investigação após a descoberta de materiais de carbono com ligações *sp*^{2} de tamanho nanométrico muito estáveis, como os fulerenos [60], os nanotubos de carbono [61] e o grafeno [62], em tais materiais de carbono. Esta tese descreve principalmente a síntese, a caraterização e o estudo das propriedades de metais não nobres como o Ni, o Co e o Cu depositados em grafite, CNTs, grafeno, etc. A função básica do suporte do electrocatalisador é: (i) proporcionar uma boa condutividade eléctrica com uma área superficial elevada, (ii) aproximar as partículas do catalisador dos reagentes *através da* estrutura dos poros e (iii) proporcionar estabilidade à corrosão em condições de oxidação [63]. Assim, a escolha do material de suporte para dispersar a fase ativa é vital para determinar o desempenho e a durabilidade do catalisador. O CB é o suporte mais comummente utilizado para catalisadores de Pt e de ligas de Pt. Devido à sua suscetibilidade à oxidação, foram investigados materiais alternativos como os CNT, os CNF, o grafeno e os carbonos mesoporosos para substituir o CB como suporte, a fim de proporcionar uma maior resistência à corrosão e uma maior área de superfície [64].

O Prémio Nobel da Química de 1996 foi atribuído aos cientistas pela descoberta de uma nova forma de carbono, o fulereno. Mais tarde, Sumio Iijima, em 1991, descobriu uma nova estrutura de carbono conhecida como nanotubos de carbono (CNT's). Iijima e Bethune et al. descobriram autonomamente os nanotubos de parede simples (SWCNTs) em 1993. Estas descobertas resultaram num avanço notável no domínio da nanotecnologia e conduziram à investigação dos CNT. As suas interessantes caraterísticas e aplicações foram alargadas a numerosas disciplinas científicas. Desde então, foram sintetizados e caracterizados muitos materiais de carbono estruturalmente diferentes. Os materiais de carbono com diferentes formas incluem nanotubos de carbono [65], cebolas [66], esferas [67], chifres [68], nanobuds [69], etc. Entre estas estruturas, os CNTs ganharam uma grande atenção pelas razões referidas.

1.5.8 Grafite

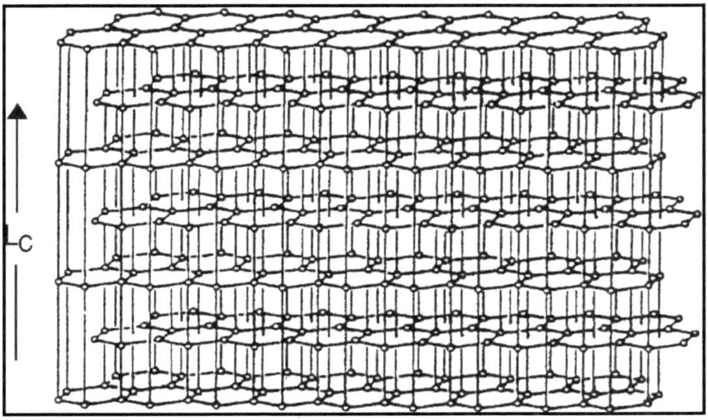

Fig. 1.6 Estrutura cristalina da grafite

Devido às suas propriedades únicas, a grafite é de longe o carbono mais importante em aplicações electroquímicas. É a forma mais cristalina de carbono, para além do diamante e dos fulerenos. É macia e de cor cinzenta a preta. Apresenta as propriedades de um metal, como a condutividade térmica e eléctrica, e de um não-metal, como a inércia, a elevada resistência térmica e a lubricidade. A grafite é constituída, salvo raras excepções, por partículas ou grânulos policristalinos, independentemente de ser sintética ou natural. Por outras palavras, cada partícula é uma composição de numerosos monocristais. No caso da grafite natural em flocos, estes monocristais estão orientados numa direção preferencial, enquanto na grafite sintética esta orientação é mais aleatória. A estrutura cristalina da grafite pode ser descrita como camadas paralelas de anéis hexagonais (Fig. 4). As camadas estão maioritariamente posicionadas numa estrutura hexagonal, com a sequência de empilhamento ABAB. Uma forma romboédrica, com a sequência de camadas ABCABC, ocorre em pequenas quantidades na grafite natural altamente cristalina ou após moagem intensiva em moinhos de bolas. À primeira vista, a grafite parece ser um produto homogéneo bem definido com uma estrutura química e física conhecida [70].

1.5.9 Nanotubos de carbono

O domínio em que as caraterísticas específicas dos materiais de carbono nanoestruturados poderão trazer os avanços mais significativos é talvez a electrocatálise das células de combustível [71,72]. A família dos CNT é provavelmente a mais conhecida dos carbonos nanoestruturados, apresentando resultados muito promissores no suporte de catalisadores para aplicações em células de combustível devido às suas propriedades eléctricas e estruturais únicas. Os CNT são quimicamente inertes e as nanopartículas metálicas não podem ser fixadas de forma muito eficiente. Por conseguinte, a maior parte da investigação centra-se nos CNT funcionalizados, a fim de incorporar grupos de oxigénio na sua superfície que aumentem a sua hidrofilicidade e melhorem a interação com o suporte do catalisador. Vários estudos demonstraram que os CNTs são superiores aos CB como suportes de catalisadores em PEMFCs [73,74]. Tanto os SWCNTs como os MWCNTs foram objeto de um estudo aprofundado, tendo-se verificado que os MWCNTs são mais condutores, enquanto os SWCNTs proporcionam maiores áreas de superfície [75,76].

Os CNT são formas tubulares de carbono que se formam a partir de folhas de grafite enroladas em forma cilíndrica. Estes nanotubos têm dimensões à escala nanométrica, com diâmetros da ordem de alguns nanómetros e comprimentos que podem atingir vários micrómetros. Cada nanotubo é uma molécula única constituída por uma rede hexagonal de átomos de carbono ligados covalentemente.

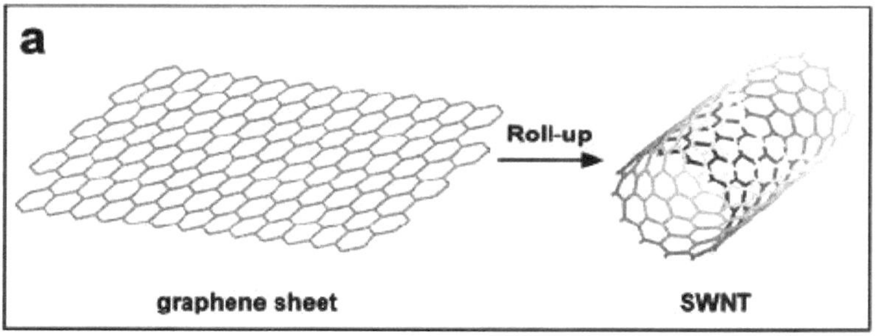

Fig. 1.7 Representação pictórica da formação de nanotubos de carbono a partir do grafeno.

1.5.10 Tipos e estruturas relacionadas de nanotubos de carbono

Os CNT são principalmente de dois tipos. São eles os nanotubos de carbono de parede simples (SWCNTs) e os nanotubos de carbono de parede múltipla (MWCNTs). No entanto, existe ainda uma outra forma de CNT de duas camadas, designada por nanotubos de carbono de parede dupla (DWCNTs) [77].

i) Nanotubo de carbono de parede simples:

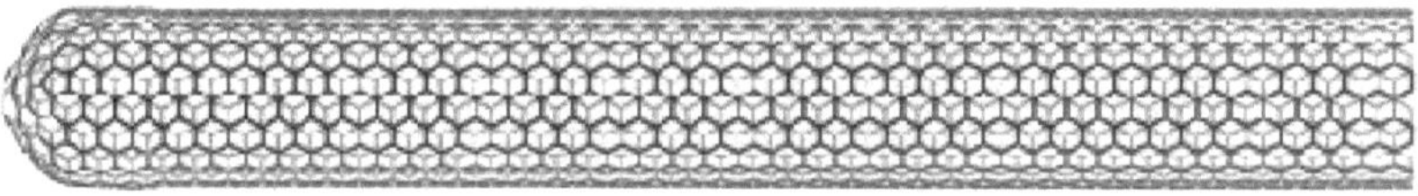

A estrutura dos SWCNT foi formada pelo enrolamento de uma camada de grafite com um átomo de espessura, denominada grafeno, num cilindro sem costuras. A maioria dos SWCNT tem um diâmetro de cerca de 1 nm, com um comprimento de tubo que pode ser muitos milhares de vezes maior. A forma como a folha de grafeno é enrolada é representada por um par de índices (*n*, *m*) chamado vetor quiral. Os números inteiros *n* e *m* denotam os vectores unitários ao longo de duas direcções na rede cristalina do grafeno. Se *n* tiver um valor qualquer e *m* = 0, os nanotubos são designados por "ziguezague". Se

n= m, os nanotubos são designados por "armchair". Caso contrário, são designados por "quirais" [77].

Fig. 1.8 Representação pictórica de um nanotubo de carbono de parede simples.

ii) Nanotubos de carbono de paredes múltiplas:

Os MWCNTs são constituídos por várias camadas de grafite enroladas sobre eles para formar uma forma tubular. Existem dois modelos de nanotubos de paredes múltiplas. São eles o modelo da boneca russa, em que as folhas de grafite estão dispostas em cilindros concêntricos, por exemplo, um SWCNT (0,6) dentro de um SWCNT maior (0,9), como se mostra na Fig. 1.7, e o modelo do pergaminho, em que uma folha de grafeno é enrolada em torno de si própria, assemelhando-se a um jornal enrolado, que é agora referido como nano-rolo em vez de tubo, como se mostra na Fig. 1.8. A distância entre camadas nos nanotubos de paredes múltiplas é próxima da distância entre camadas de grafeno na grafite, aproximadamente 3,3 Å (330 pm)

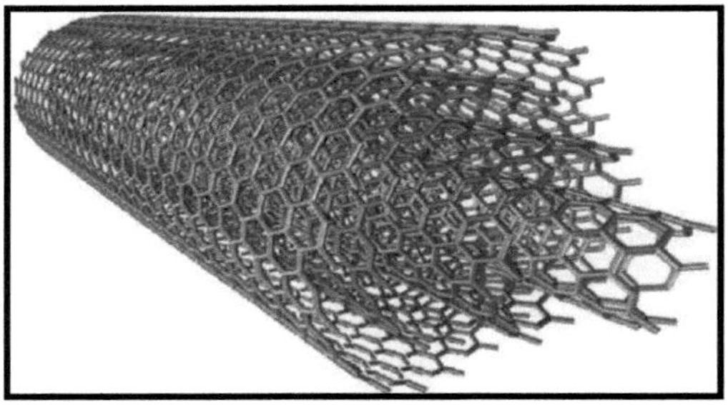

Fig. 1.9 Estrutura dos MWCNT's.

1.5.11 Materiais à base de grafeno

Desde que foi comunicada a existência do grafeno 2D, muitos investigadores começaram a orientar a sua investigação para este material devido às suas propriedades excepcionais (elevada condutividade e uma das mais rápidas capacidades de transferência de electrões disponíveis). Como tal, tem sido amplamente estudado como suporte de catalisadores de células de combustível, evidenciando uma maior atividade e durabilidade [77- 83]. A contraparte oxidada do grafeno, *ou seja, o* GO, também atraiu muito interesse e atenção. Embora o GO tenha uma condutividade inferior (uma diferença de duas a três ordens de grandeza em relação ao grafeno), oferece um conjunto diferente de propriedades (hidrofilicidade, elevada resistência mecânica, "tenabilidade" química) em comparação com o grafeno, o que o torna adequado para uma vasta gama de aplicações. Além disso, o teor variável de oxigénio permite ajustar a condutividade eletrónica para várias aplicações [84-86]. A utilização do GO como material de suporte de catalisadores em PEMFC é uma das mais recentes aplicações do GO, que tem mostrado resultados muito prometedores [87-92]. Os grupos de oxigénio introduzidos na estrutura do grafeno durante a preparação do GO criam locais com defeitos na superfície e nos planos das arestas. Estes locais de defeito actuam como centros de nucleação e locais de ancoragem para o crescimento de nanopartículas metálicas [87].

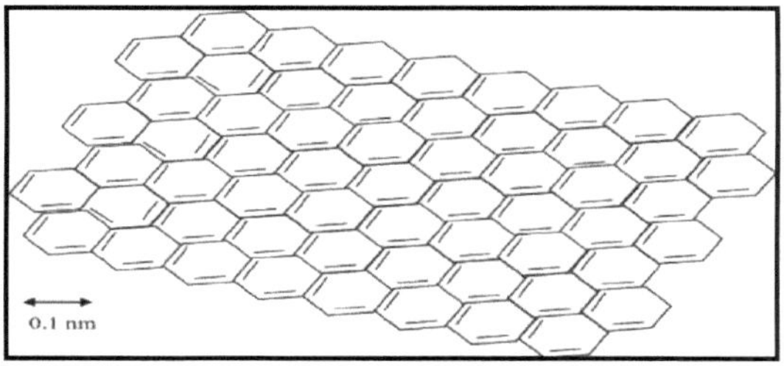

Fig. 1.10 Uma representação esquemática do grafeno.

1.6 Âmbito da presente investigação

A presente investigação limitou-se à deposição electrolítica de nanopartículas (Ni, Cu & Co) na superfície de grafite, nanotubos de carbono de paredes múltiplas, óxido de grafeno reduzido e nanotubos de carbono de paredes simples carboxilados . As caracterizações e os estudos electroquímicos são apresentados na Tabela 1.

Tabela 1. Materiais e métodos adaptados à investigação

Materiais	
Substratos de carbono	Grafite, nanotubo de carbono de paredes múltiplas, óxido de grafeno reduzido e nanotubo de carbono de parede simples carboxilado
Funcionalização	Ácido sulfúrico e ácido nítrico
Sensibilização	Cloreto estanoso
Ativação	Cloreto de paládio
Solução de banho de cobre	Sulfato de cobre (II), ácido etilenodiaminotetraacético dissódico, formaldeído, sulfato de sódio, formiato de sódio e polietilenoglicol.
Solução de banho de níquel	Sulfato de níquel (II), citrato de sódio, sulfato de amónio e hipofosfito de sódio.
Solução de banho de cobalto	Sulfato de cobalto (II), citrato de sódio, sulfato de amónio e hipofosfito de sódio.
Caracterização de grafite modificada/MWCNTs/rGO/SWCNTs(Cu, Ni & Co)	
Modificação do substrato de carbono	XRD, ZPA, FESEM, EDX, HRTEM, Raman e XPES
Estudos electroquímicos	
Voltametria cíclica (CV)	Atividade electrocatalítica de nanopartículas (Cu/Ni/Co) em diferentes substratos de carbono (grafite, MWCNT, rGO e SWCNT) para a oxidação de metanol e etanol.

Estudos de Espectroscopia de Impedância Eletroquímica (EIS)	Estudos de impedância do elétrodo de pasta de carbono (grafite, MWCNTs, rGO e SWCNTs) e dos eléctrodos após a deposição das nanopartículas metálicas acima referidas em solução de ferricianeto de potássio 10 mM + KCl 0,5 M na gama de frequências de 1 a 10^6Hz.

1.6 Objectivos da investigação

Objectivos específicos para a deposição electroless de nanopartículas de metais não nobres em diferentes substratos de carbono e investigação da sua atividade electrocatalítica:

- Seleção de suportes catalíticos como grafite, MWCNT, óxido de grafeno reduzido e nanotubo de carbono de parede simples carboxilado.
- Seleção de metais não nobres como o cobre/níquel/cobalto na combinação do electrocatalisador de paládio e estanho.
- Deposição de nanopartículas em substrato de carbono pelo método de electroless plating e a caraterização para obter o tamanho, o espaçamento d da camada, a análise elementar e a morfologia utilizando o analisador de partículas Zeta, XRD, HRTEM, FTIR, EDX, FESEM e XPES.
- Estudos electrocatalíticos de nanopartículas depositadas em diferentes substratos de carbono (tais como grafite/MWCNT/óxido de grafeno reduzido/nanotubo de carbono de parede simples de carboxilo).
- Estudos de impedância eletroquímica de eléctrodos.
- Ensaio da eficiência dos eléctrodos (sistemas de suporte do electrocatalisador) por métodos convencionais.

1.7 Metodologia de investigação

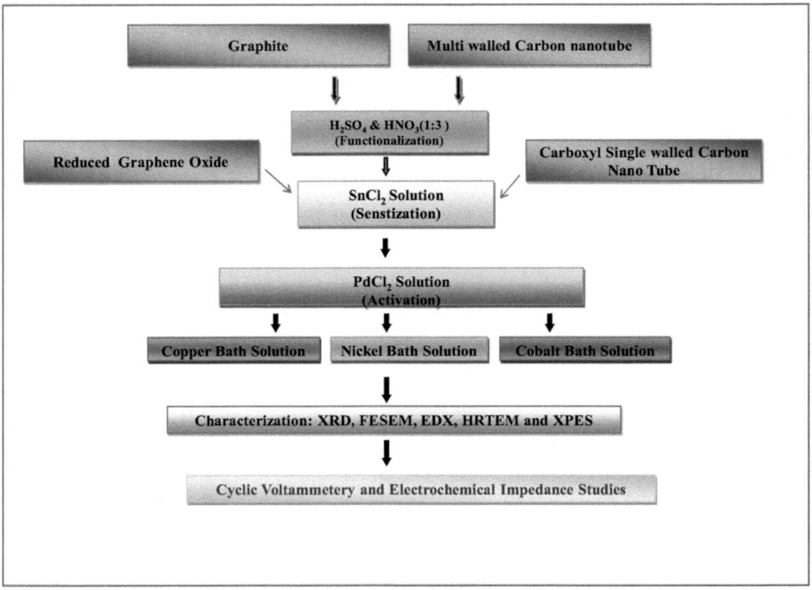

A metodologia de investigação adoptada para os estudos experimentais (Fig.1.11) e a sua caraterização da deposição Electroless de nanopartículas em substrato de carbono.

Fig. 1.11 Um fluxograma que indica a metodologia de investigação adoptada para os estudos experimentais da deposição Electroless de nanopartículas em substrato de carbono.

Referências

[1] EG & G Services. Fuel Cell Handbook. Parsons, Inc., Morgantown, West Virginiak 2000.

[2] H. W. Kroto, J. R. Heath, S. C. O'Brien, R. F. Curl, R. E. Smalley, Nature, 318 (1985) 162-174.

[3] S. Iijima, Nature 354 (1991) 6348 - 6353.

[4] J. Wu, W. Pisula, K. Mullen, Chem. Rev. 107 (2007) 718 - 727.

[5] G. Hoogers Ed. Fuel Cell Technology Handbook, CRC Press LLC, Boca Raton (2003)

[6] F.G. Anca, Fuel Cell Magazine, Fuel cell processing catalysts for hydrogen reformate generation for PEM fuel cells (2003).

[7] E. Reddington, A. Sapienza, B. Gurau, R. Viswanathan, S. Sarangapani, E. S.Smotkin, T. E. Mallouk, Science 280 (1998) 1735-1737.

[8] B. Wang, J. Power Sources 152 (2005) 1-15.

[9] M. Lefevre, J. P. Dodelet; Electrochim. Ata 48 (2003) 2749-2760.

[10] F. Jaouen, S. Marcotte, J. P. Dodelet, G. Lindbergh, J. Phys. Chem. B 107 (2003)1376-1386.

[11] H. Tang, J. H. Chen, L. H. Nie, D. Y. Liu, W. Deng, Y. F. Kuang, S. Z. Yao J.Colloid Interface Sci. 269 (2004) 26-31

[12] F. Maillard, S. Schreier, M. Hanzlik, E. R. Savinova, S. Weinkauf, U. Stimming, Phys.Chem. 7 (2005) 385-393.

[13] O. Antoine, R. Durand, Electrochem. Solid. 4 (2001) 55- 58.

[14] H. F. Cui, J. S. Ye, W. D. Zhang, J. Wang, F. S. Sheu, J. Electroanal. Chem. 577(2005) 295-302.

[15] H. A. Gasteiger, S. S. Kocha, B. Sompalli, F. T. Wagner Appl. Catal. B Environ. 56 (2005) 9 -35.

[16] J. H. Chen, M. Y. Wang, B. Liu, Z. Fan, K. Z. Cui, Y. Kuang, J. Phys. Chem. B 110 (2006) 11775-11779.

[17] S. J. Liao, K. A. Holmes, H. Tsaprailis, V. I. Birss, J. Am. Chem. Soc. 128 (2006) 3504-3505.

[18] G. C. Li, P. G. Pickup, Electrochim. Ata 52 (2006) 1033-1037.

[19] A. N. Grace, K. Pandian, Electrochem. Commun. 8 (2006) 1340-1348.

[20] D. A. Landsman, F. J. Luczak, Patente USA n.º 4316944 (1982).

[21] F. J. Luczak, D. A. Landssman, Patente USA, n.º 4677092 (1987).

[22] U. A. Paulus, A. Wokaun, G. G. Scherer, T. J. Schmidt, V. Stamenkovic, V.Radmilovic, P. N. Ross, J. Phys. Chem. B106 (2002) 4181-4191.

[23] P. Yu, M. Pemberton, P. Plasse, J. Power Sources 144 (2005) 11-20.

[24] F. J. Luczak, D. A. Landssman, Patente USA n.º 4290440.

[25] S. Mukerjee, S. Srinivasan, J. Electroanal. Chem. 357 (1993) 201-224.

[26] T. Toda, H. Igarashi, H. Uchida, M. Watanabe, J. Electrochem. Soc. 146 (1999) 3750 - 3756.

[27] A. Bonakdarpour, J. Wenzel, D. A. Stevens, S. Sheng, T. L. Monchesky, R. Lobel, R.T. Atanasoski, A. K. Schmoeckel, G. D. Vernstrom, M. K. Debe, J.R. Dahn, J. Electrochem. Soc. 152 (2005) 61-72.

[28] A. Bonakdarpour, R. Lobel, R. T. Atanasoski, G. D. Vernstrom, A. K. Schmoeckel, J. R. Dahn, J. Electrochem. Soc. 153 (2006) 1835-1846.

[29] A. Bonakdarpour, R. Lobel, S. Sheng, T. L. Monchesky, J. R. Dahn, J. Electrochem.Soc. 153 (2006) 2304-2313.

[30] J. Zhang, M. B. Vukmirovic, K. Sasaki, A. U. Nilekar, M. Mavrikakis, R. R. Adzic, J.Am. Chem. Soc. 127 (2005) 12480-12481.

[31] F. de Bruijn, Green Chem. 7 (2005) 132-150.

[32] A. S. Arico, S. Srinivasan, V. Antonucci, Fuel Cells 1 (2001) 133-161.

[33] G. Schmid, Ed. Nanoparticles: From Theory to Application, Wiley-VCH, Weinheim (2003)

[34] R. Y. Wang, J. Yang, Z. P. Zheng, M. D. Carducci, J. Jiao, S. Seraphin, Angew. Chem.Int. Edit. 40 (2001) 549-552.

[35] V. F. Puntes, K. M. Krishnan, A. P. Alivisatos, Science 291 (2001), 2115-2117. Y. G. Sun, Y. N. Xia, Science 298 (2002) 2176-2179.

[36] Z. B. He, J. H. Chen, D. Y. Liu, H. Tang, W. Deng, W. F. Kuang, Mater. Chem. Phys.85 (2004) 396-401.

[37] T. J. Schmidt, M. Noeske, H. A. Gasteiger, R. J. Behm, P. Britz, W. Brijoux, H. Bonnemann, Langmuir 13 (1997), 2591-2595.

[38] J. O. M. Bockris, B. E. Conway, Ed. Modern Aspects of Electrochemistry, Wiley, Nova Iorque (1977)

[39] J. Kong, M. G. Chapline, H. J. Dai, Adv. Mater. 13 (2001) 1384-1386.

[40] A. Bezryadin, C. N. Lau, M. Tinkham, Nature 404 (2000) 971-974.

[41] Y. Zhang, H. J. Dai, Appl. Phys. Lett. 77 (2000) 3015-3017.

[42] R. M. Lago, S. C. Tsang, K. L. Lu, Y. K. Chen, M. L. H. Green, Chem. Commun. (1995)1355-1356.
[43] B. Xue, P. Chen, Q. Hong, J. Y. Lin, K. L. Tan, J. Mater. Chem. 11 (2001) 2378 - 2381.
[44] L. A. Bauer, N. S. Birenbaum, G. J. Meyer, J. Mater. Chem. 14 (2004) 517-526. C. R. Martin; Science 266 (1994) 1961-1966.
[45] M. Tian, J. Wang, J. Kurtz, T. E. Mallouk, M. H. W. Chan, Nano Lett. 3 (2003) 919-923.
[46] T. Thurn-Albrecht, J. Schotter, G. A. Kastle, N. Emley, T. Shibauchi, L. Krusin-Elbaum, K. Guarini, C. T. Black, M. T. Tuominen, T. P. Russell, Science 290 (2000) 2126-2129.
[47] R. M. Penner, J. Phys. Chem. B 106 (2002) 3339-3353.
[48] H. Liu, R. M. Penner, J. Phys. Chem. B104 (2000) 9131-9139.
[49] F. Favier, E. C. Walter, M. P. Zach, T. Benter, R. M. Penner, Science 293(2001) 2227-2231.
[50] E. C. Walter, M. P. Zach, F. Favier, B. J. Murray, K. Inazu, J. C. Hemminger, R. M. Penner, Phys. Chem. 4 (2003) 131-138.
[51] S. Iijima, Nature 354 (1991) 56-58.
[52] L. M. Ang, T. S. A. Hor, G. Q. Xu, C. H. Tung, S. P. Zhao, J. L. S. Wang, Carbon 38(2000) 363-372.
[53] L. M. Ang, T. S. A. Hor, G. Q. Xu, C. Tung, S. Zhao, J. L. S. Wang, Chem. Mater. 11(1999) 2115- 2118.
[54] Z. L. Liu, X. Y. Ling, X. D. Su, J. Y. Lee, J. Phys. Chem. B 108 (2004)8234-8240.
[55] A. Carrillo, J. A. Swartz, J. M. Gamba, R. S. Kane, N. Chakrapani, B. Wei, P. M.Ajayan, Nano Lett. 3 (2003) 1437-1440.
[56] B. R. Azamian, K. S. Coleman, J. J. Davis, N. Hanson, M. L. H. Green, Chem.Commun. 3 (2002) 366 -367.
[57] J. Li, M. Moskovits, T. L. Haslett, Chem. Mater. 10 (1998) 1963-1967.
[58] H. C. Choi, M. Shim, S. Bangsaruntip, H. J. Dai, J. Am. Chem. Soc. 124 (2002) 9058 - 9059.
[59] H. W. Kroto, J. R. Heath, S. C. O'Brien, R. F. Curl, R. E. Smalley, Nature, 318 (1985) 162-175.
[60] S. Iijima, Nature 354 (1991) 6348 - 6356.

[61] J. Wu, W. Pisula, K. Mullen, Chem. Rev. 107 (2007)718-724.

[62] A. L. Dicks, J. Power Sources 156(2006) 128-141.

[63] H. Huang e X. Wang, J. Mater. Chem. A 2 (2014)6266-6291.

[64] J. Liu, H. Dai, J. H. Hafner, D. T. Colbert, R. E. Smalley, C. Dekker, Nature 385 (1997) 780-791.

[65] N. Sano, H. Wang, M. Chlowalla, I. Alexandrou, G. A. J. Amaratunga, Nature 414 (2001) 506-601.

[66] D. Ugarte, Nature 359 (1992) 707-712.

[67] S. Iijima, M. Yudasaka, R. Yamaka, S. Bandow, K. Suenaga, F. Kokai, K. Takahashi, Chem. Phys. Lett., 309 (1999) 165-173.

[68] A. G. Nasibulin, P. V. Pikitsa, H. Jiang, D. P. Brown, A.V. Krasheninnikov, A. S. D. Shandakov, G. Lolli, D. E. Rasasco, M. Choi, D. Tomanck, E. I. Kanppinen, Nat. Nanotechnol. 2 (2007) 156-164.

[69] Mathis Wissler, Journal of Power Sources 156 (2006) 142-150

[70] H. Liu, C. Song4, L. Zhang, J. Zhang, H. Wang e D. P. Wilkinson, J. Power Sources 155 (2006) 95-110.

[71] K. Lee, J. Zhang, H. Wang e D. P. Wilkinson, J. Appl. Electrochem. 36 (2006) 507-522.

[72] F. Hasche, M. Oezaslan e P. Strasser, Phys. Chem. Chem. Phys.12 (2010) 15251-15258.

[73] W. Li, X. Wang, Z. Chen, M. Waje e Y. Yan, J. Phys. Chem. B 110 (2006) 15353-15358.

[74] G. Che, B. B. Lakshmi, E. R. Fisher e C. R. Martin, Nature 393 (1998) 346-349.

[75] P. V. Dudin, P. R. Unwin e J. V. Macpherson, J. Phys. Chem. C 114 (2010) 13241-13248.

[76] Cai Shen, H. Alexandra, Brozena, Yu Huang Wang, Nanoscale doi: 10.1039/C0NR00620C, 2010.

[77] M. S. Dresselhaus, G. Dresselhaus, Carbon 33 883 (1995) 120-131.

[78] E. Yoo, T. Okata, T. Akita, M. Kohyama, J. Nakamura e I. Honma, Nano Lett. 9 (2009) 2255-2259.

[79] H.J. Choi, S.-M. Jung, J.M. Seo, D. W. Chang, L. Dai e J.B. Baek, Nano Energy 1 (2012) 534-551.

[80] D. A. C. Brownson, D. K. Kampouris ,C. E. Banks, J. Power Sources 196 (2011) 4873-4885.

[81] R. Kou, Y. Shao, D. Wang, M. H. Engelhard, J. H. Kwak, J.Wang, V.V.Viswanathan, C. Wang, Y. Lin, Y. Wang, I. A. Aksay e J. Liu, Electrochem.Commun.11 (2009) 954-957.

[82] R. Kou, Y. Shao, D. Mei, Z. Nie, D. Wang, C. Wang, V. V. Viswanathan, S.Park, J. Liu et al, J. Am. Chem. Soc. 133 (2011) 2541-2547.

[83] N. Soin, S. S. Roy, T. H. Lim e J. A. D. McLaughlin, Mater. Chem. Phys. 129 (2011)1051-1057.

[84] L. Dong, R. R. S. Gari, Z. Li, S. Hou, Carbon 48 (2010) 781-787.

[85] S. M. Choi, M. H. Seo, H. J. Kim, W. B. Kim, Carbon 49 (2011) 904 - 909.

[86] D. A. Dikin, S. Stankovich, E. J. Zimney, R. D. Piner, G. H. B. Dommett, S. T. Nguyen, R. S. Ruoff, Nature 448 (2007) 457- 460.

[87] G. Eda, G. Fanchini, M. Chhowalla, Nat. Nanotechnol. 3 (2008) 270-274.

[88] C. Gomez-Navarro, R. T. Weitz, A. M. Bittner, M. Scolari, A. Mews, M.Burghard K. Kern, Nano Lett.7 (2007) 3499-3503.

[89] S. Sharma, A. Ganguly, P. Papakonstantinou, X. Miao, M. Li, J. L. Hutchison, M. Delichatsios, S. Ukleja, J. Phys. Chem. 114 (2010) 19459-19466.

[90] Philippe Serp, Bruno Machado, Materiais de carbono nanoestruturados para catálise (2015).

CAPÍTULO - 2

Deposição electrolítica de nanopartículas de Ni/Co/Cu em substrato de grafite para oxidação de metanol

2.1 Introdução

As partículas submicrónicas de grafite são amplamente utilizadas como suportes de catalisadores. O baixo preço da grafite é atrativo e deve-se à capacidade de produção em massa e aos recursos abundantes na terra. O revestimento electroless de pó de grafite ativado com superfícies catalíticas é um meio melhor de obter pós de grafite revestidos de metal. A grafite revestida pode então ser incorporada em matrizes metálicas para produzir compósitos com novas vantagens. Atualmente, a superfície da grafite não revestida apresenta uma fraca interação com as matrizes metálicas porque a maioria dos metais não molha a superfície da grafite. Espera-se que as grafites depositadas em metal apresentem uma elevada atividade catalítica. Outros materiais de carbono com elevada área de superfície específica e elevada condutividade continuam a ser os principais suportes dos electrocatalisadores. O mais utilizado é o negro de fumo Vulcan XC-72. Foram desenvolvidos vários tipos de novos carbonos como materiais de suporte alternativos para catalisadores de células de combustível [1]. Os nanotubos de carbono têm sido amplamente investigados como um suporte de catalisador promissor [2-6], uma vez que apresentam um melhor desempenho em termos de atividade catalítica e durabilidade do que o Vulcan XC-72 convencional [7]. Os nanotubos de carbono são normalmente funcionalizados de modo a obter uma elevada dispersão de nanopartículas de Pt, que é o pré-requisito para uma elevada atividade catalítica. A funcionalização dos nanotubos de carbono envolve geralmente a oxidação com ácidos fortes [8], o que não é um processo benigno para o ambiente e produz defeitos que reduzem a condutividade eléctrica e a resistência à corrosão dos nanotubos de carbono. O outro problema é o elevado custo dos nanotubos de carbono quando comparados com o negro de fumo convencional [1,9]. As nanofibras de carbono [10], o carbono mesoporoso [11,12] e a nanoesfera de carbono [13,1] também foram desenvolvidos como suportes de catalisadores.

Os electrocatalisadores desempenham um papel importante na redução do custo e na melhoria do tempo de vida das células de combustível PEM [15]. Recentemente, as investigações sobre a durabilidade do electrocatalisador e as estratégias para melhorar a sua durabilidade tornaram-se um tema quente na área das pilhas de combustível [16-17]. As estratégias de redução de custos geralmente consideram a diminuição das quantidades dos elementos mais caros ou a substituição de alguns componentes por materiais mais baratos ou mais duráveis. São normalmente utilizadas duas estratégias para melhorar a durabilidade do electro catalisador: uma consiste em ligar a Pt a outros metais de transição [15] e a outra consiste em desenvolver suportes de catalisador duráveis. Utilizámos um método de sensibilização-ativação em duas fases [18]. O método envolve a introdução de núcleos catalíticos [núcleos de Pd (0) ou ligas de Pd-Sn] nas superfícies não catalíticas. Estes núcleos iniciam então a reação redox especificamente no sítio ativo. No procedimento de ativação da superfície, a camada sensibilizadora de estanho aumenta a adsorção de Pd, bem como a força de ligação do Pd à superfície. Utilizando este método, o revestimento de Cobre/Níquel/Cobalto foi depositado com sucesso na superfície do pó de grafite através da tecnologia de galvanização sem eléctrodos. A morfologia, a estrutura, a composição e a atividade eletroquímica das grafites depositadas foram caracterizadas por microscopia eletrónica de varrimento (SEM), raios-X dispersivos de energia (EDX), difração de raios-X (XRD), espetroscopia de infravermelhos com transformada de Fourier (FTIR), espetroscopia de fotoelectrões de raios-X (XPS), analisador de partículas Zeta e técnicas de voltametria cíclica (CV).

2.2. Materiais e métodos

Produtos químicos como pó de grafite, cloreto estanoso, cloreto de paládio, sulfato de cobre, ácido etilenodiaminotetracético dissódico, formaldeído, formato de sódio, polietilenoglicol, hidróxido de sódio, sulfato de níquel, sulfato de cobalto, citrato de sódio, Sulfato de amónio, hipofosfito de sódio, óleo de silicone, metanol, ácido sulfúrico, ferrocianeto de potássio, ferricianeto de potássio, cloreto de potássio e hidróxido de potássio utilizados neste trabalho de investigação eram todos produtos químicos Merck de grau analítico. Foram utilizados tal como foram recebidos, sem qualquer outra purificação. Todos os reagentes foram preparados com água destilada.

2.2.1 Tratamento ácido da grafite

Cerca de 500 mg de pó de grafite foram tratados em 200 mL de uma mistura ácida de Conc. HNO_3 e H_2SO_4(1:3 V/V) e depois refluxado a 110° C durante 8 horas para produzir pó de grafite funcionalizado com OH- e -COOH. As amostras foram então filtradas, lavadas com água destilada e secas a 100° C durante 6 horas. Finalmente, obteve-se o pó de grafite funcionalizado.

2.2.2 Deposição de nanopartículas de cobre, níquel e cobalto em substrato de grafite

Num procedimento de sensibilização-ativação em duas fases, cerca de 2,26 g de $SnCl_2$-$2H_2O$ foram agitados em HCl (38%) e o volume foi completado até 100 ml com água destilada. A solução activadora foi preparada dissolvendo 0,025 g de $PdCl_2$ em 1,3 ml de HCl (38%) e o volume foi completado até 50 ml com água destilada. Cerca de 0,5 g do pó de grafite foi sonicado em 50 ml de solução de $SnCl_2$-HCl durante 5 min e a mistura foi subsequentemente agitada durante 10 minutos. O pó de grafite sensibilizado foi separado do meio de sensibilização por centrifugação e lavado com água destilada. O pó de grafite sensibilizado foi então agitado em 100 ml de solução de $PdCl_2$-HCl durante 45 minutos para ativação. O pó de grafite ativado e sensibilizado resultante foi separado do meio de ativação por filtração utilizando um cadinho de vidro sinterizado G4 e lavado com água destilada. O pó de grafite ativado e sensibilizado acima referido foi agitado em 100 ml de banho de cobre durante 1 hora a pH 7, seguido da adição de 2 g de HCHO sob agitação vigorosa. A composição do banho de cobre era a mistura de sulfato de cobre (II) (3,1 g L^{-1}), ácido etilenodiamino tetraacético dissódico (20 g $L^{(-1)}$)), formaldeído (20 g L^{-}

^{1}), sulfato de sódio (40 g L^{-1}), formato de sódio (20 g L^{-1}) e polietilenoglicol (6,6 g L^{-1}). A mistura foi filtrada através de um cadinho de vidro sinterizado G4 após 5 minutos e lavada com água destilada [18]. Os procedimentos de sensibilização e ativação foram quase semelhantes para a deposição de níquel e cobalto.

A deposição de níquel eletrolítico foi realizada utilizando um banho de hipofosfito de sódio. A composição do banho de níquel utilizado foi a seguinte Sulfato de níquel (II) (10 g L^{-1}), citrato de sódio (16 g L^{-1}), sulfato de amónio (16 g L^{-1}) e hipofosfito de sódio (16 g L^{-1}) e o papel de cada um dos componentes acima referidos corresponde a servir como fonte de Ni (II), agente complexante, tampão e agente redutor, respetivamente. Em seguida, a mistura foi agitada constantemente durante 1 h a 85 ± 3° C a um pH de 8,5 ± 0,3. A mistura foi então filtrada através de um cadinho de vidro sinterizado G4, lavada com água Millipore e seca a 90° C durante 2 h [19]. A deposição electrolítica de cobalto foi realizada utilizando um banho de hipofosfito de sódio. A composição do banho de cobalto utilizado foi a seguinte Sulfato de Cobalto (II) (10 g L^{-1}), Citrato de Sódio (16 g L^{-1}), Sulfato de Amónio (16 g L^{-1}) e Hipofosfito de Sódio (16 g L^{-1}). O papel de cada um destes componentes é, respetivamente, servir de fonte de iões Co (II), agente complexante, tampão e agente redutor. Em seguida, a mistura foi agitada constantemente durante 1 h a 85 ± 3° C a um pH de 8,5 ± 0,3. A mistura foi então filtrada através de um cadinho de vidro sinterizado G4, lavada com água Millipore e seca a 90° C durante 2 h.

2.2.3 Preparação do elétrodo de trabalho:

O pó de grafite depositado em Ni, Co ou Cu foi misturado com óleo de silicone e misturado à mão com um almofariz e pilão para preparar a pasta de carbono. A pasta resultante foi então introduzida a partir do fundo de um tubo de Teflon. A ligação eléctrica foi estabelecida através da inserção de um fio de cobre no tubo de Teflon. Foi criada uma nova superfície de elétrodo, extrudindo rapidamente um pequeno tampão da pasta com uma vareta de aço inoxidável e alisando a superfície resultante sobre um papel encerado até se observar uma superfície lisa e brilhante. De forma semelhante, todos os eléctrodos foram preparados e utilizados para os estudos electroquímicos.

2.3. Resultados e discussão

2.3.1 Os mecanismos de reação da deposição de níquel, cobalto e cobre em Superfície de grafite.

O mecanismo de deposição de níquel/cobalto/cobre num substrato de grafite é o seguinte. O pó de grafite foi sensibilizado com uma solução de cloreto estanoso para aumentar a adsorção de iões de paládio no processo de ativação subsequente. Na sensibilização, os iões estanoso vão ser adsorvidos na superfície da grafite, que actuam como uma semente na formação de núcleos do Pd durante o processo de ativação. Exclusivamente, o Sn^{2+} reage com o Pd^{2+} para formar núcleos catalíticos uniformes de Pd na superfície da grafite durante o processo de ativação. A reação pode ser dada como no relatório de Mao-Sheng e colaboradores.

$$Pd^{2+} + Sn^{2+} \rightarrow Sn^{4+} + Pd^{0} \quad \dots\dots\dots\dots\dots\dots\dots\dots\dots\dots\dots\dots (2.1)$$

A forma reduzida do paládio existe na superfície após a sensibilização. Quando o pó de grafite ativado é introduzido separadamente nos banhos de revestimento eletrolítico de níquel, cobalto e cobre, ocorre a seguinte reação redox autocatalítica (eq. 2.1).

$$Ni^{2+} + H_2PO_2^- + H_2O \rightarrow H_2PO_3^- + H_2 + Ni^0 \downarrow \quad \dots\dots\dots\dots (2.2)$$

A equação (2.2) indica a redução dos iões de níquel a Ni. As partículas de níquel nanométricas com uma elevada energia de superfície foram originalmente produzidas na interface grafite/solução e tenderam a agregar-se. As partículas de níquel reduzidas eram electropositivas através da adsorção selectiva de Ni^{2+} na solução. Quando as partículas de níquel carregadas encontram a superfície da grafite, os núcleos catalíticos formados na grafite reagem possivelmente com uma parte dos iões $Ni^{(2+)nas}$ partículas de níquel e a reação é representada pela equação (2.3)

$$Pd + Ni^{2+} \rightarrow Pd^{2+} + Ni \quad \dots\dots\dots\dots\dots\dots\dots\dots\dots\dots\dots\dots\dots\dots \quad (2.3)$$

Na reação (eq.2.3), o níquel é reduzido por Pd e ligado à superfície da grafite, seguido do revestimento de níquel no substrato de grafite. Assim, as nano-partículas de níquel foram depositadas na superfície da grafite [21-23]. A metalização electrolítica do cobalto e do cobre também segue o mesmo mecanismo (eq 2.2).

2.3.2 Estudos de difração de raios X (XRD)

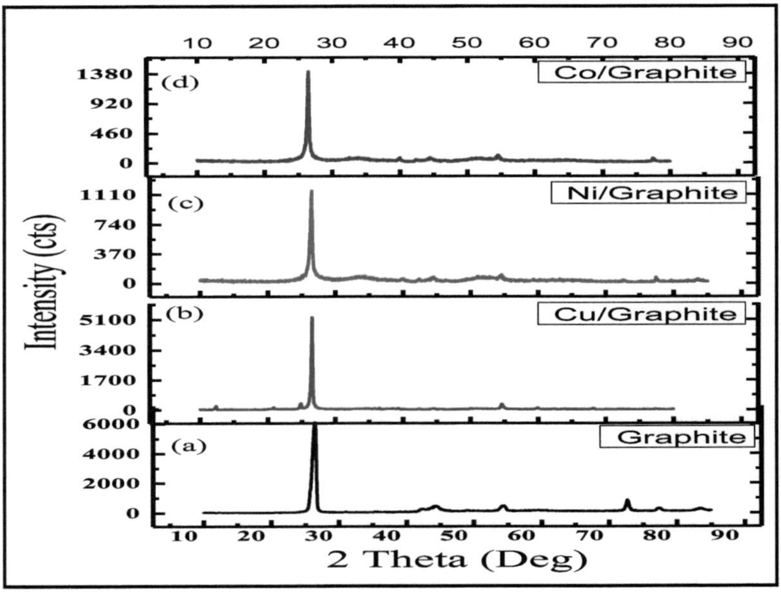

Fig. 2.1 Padrões de XRD de (a) grafite, (b) Cu/grafite, (c) Ni/grafite e (d) Co/grafite.

Foram efectuados estudos de difração de raios X para analisar o Cu / Ni / Co na superfície da grafite. A Fig. 2.1 mostra os padrões de XRD da grafite (a), Cu/grafite (b), Ni/Grafite (c) e Co/Grafite (d). Os picos fortes podem ser vistos no padrão (a) a $2\theta = 26{,}66^{\circ}$ e $54{,}81^{\circ}$

, que correspondem ao pó de grafite. Os padrões (b, c, d) ainda incluem os picos da grafite [24]. O pico de difração da grafite ainda existe no padrão XRD, mas a intensidade dos picos diminuiu significativamente. Isto indica que a superfície da grafite está coberta com revestimento de cobre, níquel ou cobalto e também que o revestimento é compacto com uma espessura na escala de µm. Além disso, existe um pico em 2θ na gama 30 -50° , o que implica que a natureza amorfa do revestimento é quase amorfa.

2.3.3 Análise de raios X por dispersão de energia (EDX)

A Fig. 2.2 (a a c) é o padrão EDX do Cobre, Níquel e Cobalto depositado sobre pó de grafite. A fig. 2.2(a) inclui os picos correspondentes ao Cobre e também ao Paládio e Estanho, juntamente com um pico de carbono de elevada intensidade. A composição do revestimento é a seguinte Elemento (% em peso): Carbono (88,04), paládio (2,02), estanho (6,87) e cobre (3,06), respetivamente. A Fig. 2.2(b) é o pó de grafite depositado em níquel. A composição do revestimento é a seguinte. Elemento (% em peso): Carbono (62,51), paládio (1,58), estanho (31,47) e níquel (4,45), respetivamente. A Fig. 2.2 (c) refere-se ao pó de grafite decorado com cobalto. A composição percentual em peso do revestimento foi Co (3,33), Pd (2,51), Sn (27,26) e C (66,89), respetivamente.

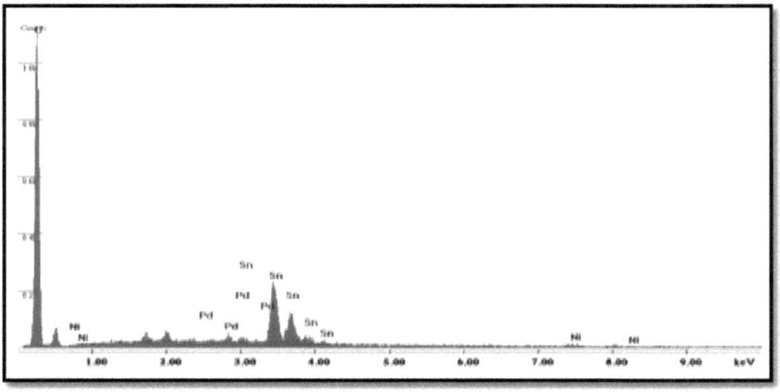

Fig.2.2(a) Padrão EDX da grafite decorada com cobre

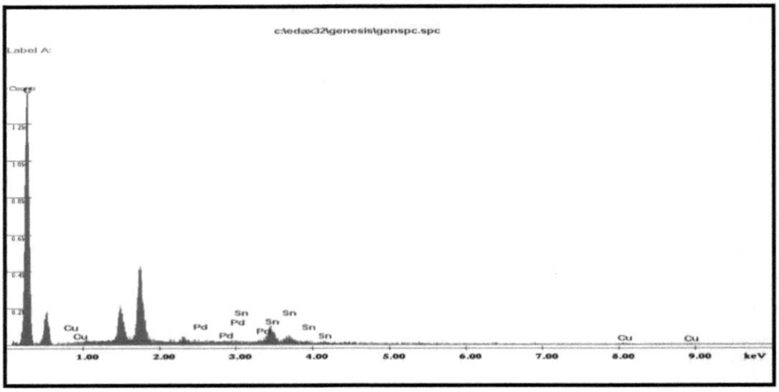

Fig.2.2 (b) Padrão EDX do pó de grafite depositado com níquel

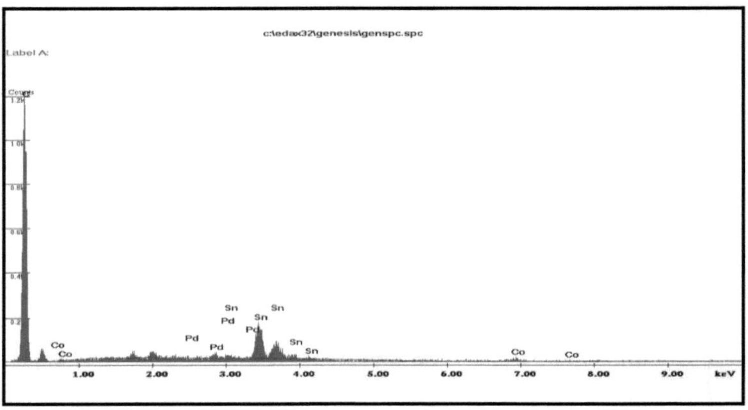

Fig. 2.2(c) Espectro EDX da grafite decorada com cobalto

2.3.4 Potencial Zeta e análise do tamanho das partículas

O potencial zeta é o potencial elétrico desenvolvido na interface sólido-líquido em resposta ao movimento relativo da partícula e do solvente. O potencial zeta da grafite e da grafite modificada (depositada em Cobre/Níquel/Cobalto) foi estudado por dispersão em água destilada. O potencial zeta das partículas na forma depositada é um bom indicador dos seus potenciais eléctricos. Quanto mais elevado for o potencial zeta, maior será o potencial de superfície das partículas de grafite carregadas. No caso das grafites, a superfície será positiva (resultante da carga nas superfícies das partículas). No entanto, depende fortemente da química do fluido dos poros. Os resultados do potencial zeta dos nossos produtos através da técnica experimental e do método de conversão da mobilidade electroforética para o potencial zeta em diferentes soluções são muito significativos [25]. O tamanho das partículas foi aumentado para a grafite modificada. A carga, a condutividade e o potencial zeta da grafite e da grafite modificada com depósitos de cobre, níquel e cobalto são apresentados na Tabela 2.1 seguinte

Quadro 2.1 Resultados pormenorizados do analisador de partículas Zeta

Material	Média tamanho das partículas (μm)	Mobilidade (μ/s/V/cm)	Potencial Zeta (mv)	Carga (fc)	Polaridade	Condutividade (μS/cm)
Grafite	0.196	5.19	66.35	0.176	Positivo	559
Cobre/ Grafite	0.346	1.48	18.97	0.150	Positivo	156
Níquel/grafite	0.458	1.85	23.61	0.071	Positivo	130
Cobalto/ grafite	0.510	1.86	26.28	0.605	Positivo	117

2.3.5 Estudos ao microscópio eletrónico de varrimento por emissão de campo (FESEM)

A morfologia da superfície do revestimento metálico e a extensão da cobertura foram analisadas por FESEM. A Fig. 2.3 mostra as imagens dos pós de grafite depositados de níquel, cobalto e cobre obtidos. As imagens FESEM (a a c) das nanopartículas de Níquel, Cobalto e Cobre depositadas na superfície do substrato de grafite. O tamanho médio das partículas de níquel, cobalto e cobre na superfície da grafite situa-se na gama de 20– 80 nm.

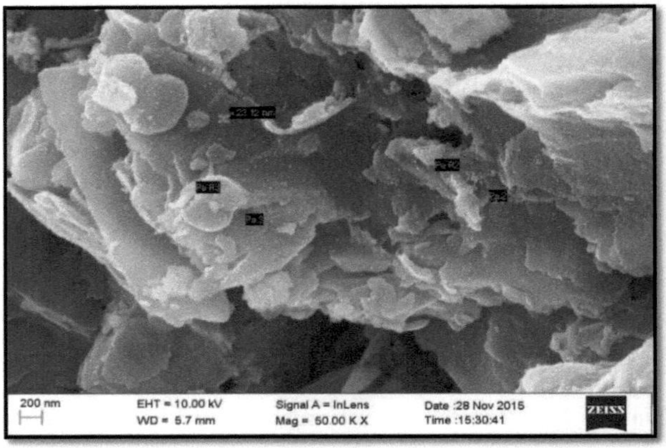

Fig.2.3 (a) Micrografias FESEM de nanopartículas de níquel depositadas em pó de grafite

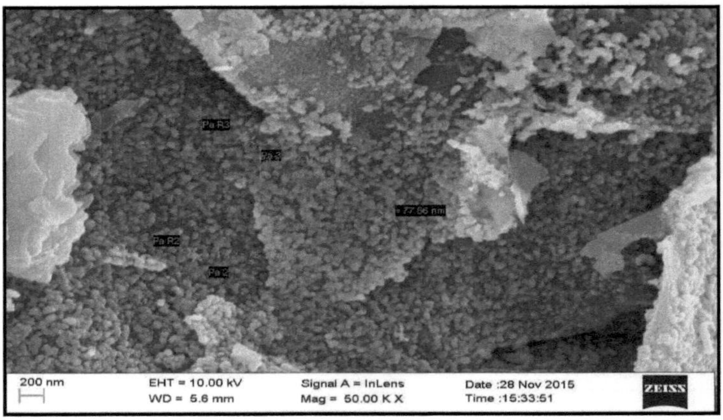

Fig. 2.3 (b) Imagens FESEM de nanopartículas de cobalto depositadas em pó de grafite

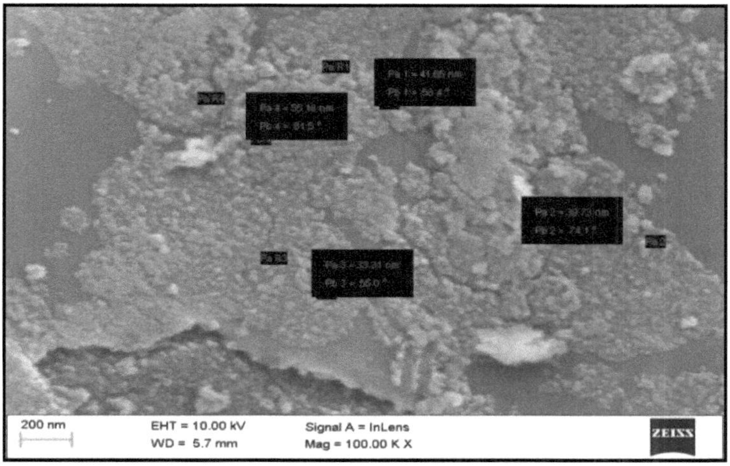

Fig. 2.3 (c) Imagens FESEM de nanopartículas de cobre depositadas em pó de grafite

2.3.6 Estudos de espetroscopia de infravermelhos com transformada de Fourier (FTIR).

A Fig. 2.4 mostra os espectros FTIR do pó de grafite antes e depois da deposição do metal na grafite. Existem dois picos caraterísticos (3453 cm^{-1} e 1436 cm^{-1}) que podem ser devidos à humidade adsorvida na grafite. Na grafite modificada, o pico a 3453 cm^{-1} é atribuído à vibração de estiramento O-H e o pico a 1436 cm^{-1} é atribuído à vibração de flexão O-H. Além disso, existe um pico caraterístico de vibração de estiramento C=O a 1638 cm^{-1} na curva da grafite, o que indica que a superfície do pó de grafite antes do revestimento foi oxidada. Por outro lado, não se regista qualquer pico de vibração de estiramento C=O na grafite modificada, o que indica que a superfície do pó de grafite modificado é menos propensa à oxidação [24].

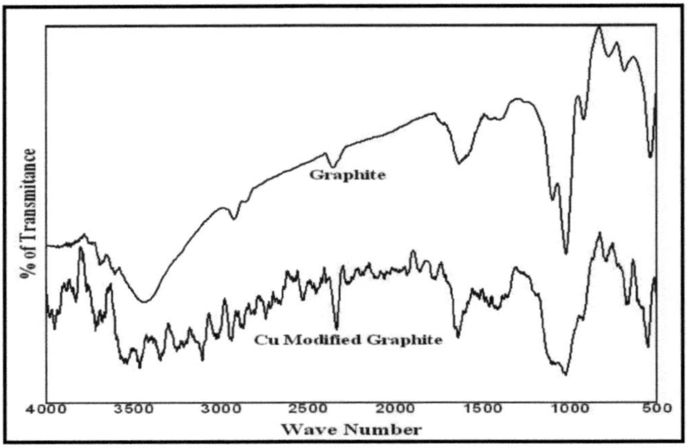

Fig 2.4. Espectro FTIR de grafite e cobre/grafite

2.3.7 Estudos de espetroscopia de fotoelectrões de raios X (XPS)

A figura 2.5 (a) representa o espetro de grande ângulo (survey) para a grafite depositada com níquel. Os espectros individuais de energia de ligação (BE) do carbono, estanho, paládio e níquel são também apresentados na figura 2.5 (b a e). O pico no valor BE 284,5 eV corresponde ao C da grafite. Os picos a 336,3 e 341,3 eV correspondem ao Paládio e os picos a 487 e 495,9 eV correspondem ao Estanho. Os picos a 854,5 e 856,3 eV são atribuídos ao níquel. A presença dos picos caraterísticos em energias de ligação apropriadas com as intensidades de pico no espetro XPS confirmou ainda mais a deposição de níquel [26].

A Fig. 2.6 é o XPS da amostra Co/Grafite em que (a) representa os espectros de grande ângulo (survey) para grafites depositadas com cobalto e os espectros individuais de energia de ligação (BE) (b), (c), (d) e (e) correspondem ao carbono, estanho, paládio e cobalto, respetivamente. O pico no valor BE 284,6 eV corresponde ao C1s da grafite.

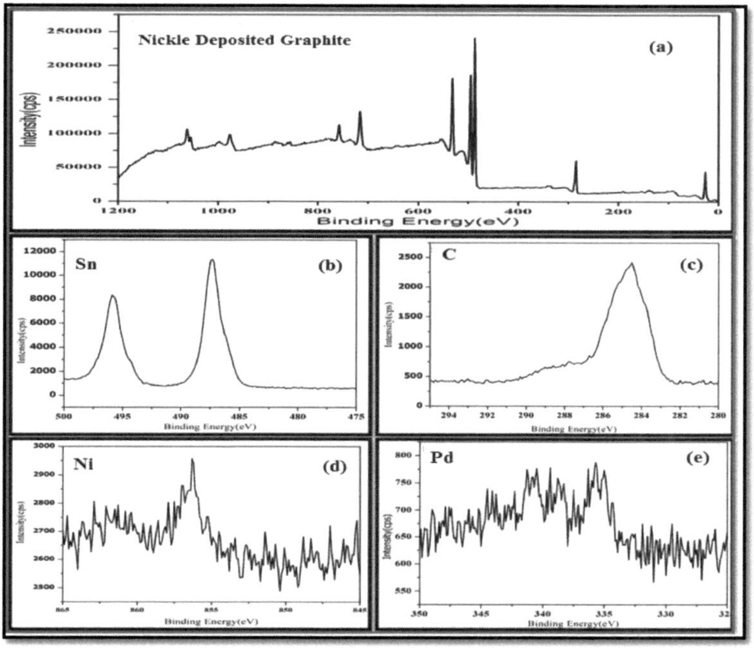

Fig. 2.5 Os espectros de fotoelectrões de raios X contêm os espectros (a - e) de grande ângulo do elétrodo de grafite revestido de Ni, estanho, carbono, níquel e paládio no elétrodo de grafite, respetivamente.

Os picos a 335,2 e 340,43 eV correspondem ao paládio de $Pd3d_{5/2}$ e $Pd3d_{3/2}$, respetivamente. Os picos a 487,12 ($Sn3d_{5/2}$) e 495,29 ($Sn3d_{3/2}$) eV correspondem ao estanho. O pico a 781,8 eV indica a intensidade observada do pico que corresponde ao $Co2p_{3/2}$. Os picos caraterísticos com energias de ligação apropriadas e as suas intensidades nos espectros XPS confirmaram ainda mais a deposição de cobalto [27-29] no pó de grafite. A Fig. 2.7 representa os espectros XPS em que (a) é o espetro de grande ângulo (survey) para a grafite decorada com cobre e os espectros individuais correspondem ao carbono, estanho, paládio, oxigénio e cobre, respetivamente. O pico no valor BE 284,6 eV corresponde ao C1s da grafite. Os picos a 335,2 e 340,43 eV correspondem a $Pd3d_{5/2}$ e $Pd3d_{3/2}$, respetivamente. Os picos a 487,12 ($Sn3d_{5/2}$) eV e

495,29 ($Sn3d_{3/2}$) eV correspondem ao estanho. Os picos a 933 eV e 952 eV indicam as intensidades observadas, que correspondem ao Cu $2p_{3/2}$ e Cu $2p_{1/2}$, respetivamente. Os picos caraterísticos com energias de ligação adequadas e as intensidades dos picos nos espectros XPS confirmaram ainda mais a deposição de cobre [27- 29] no pó de grafite.

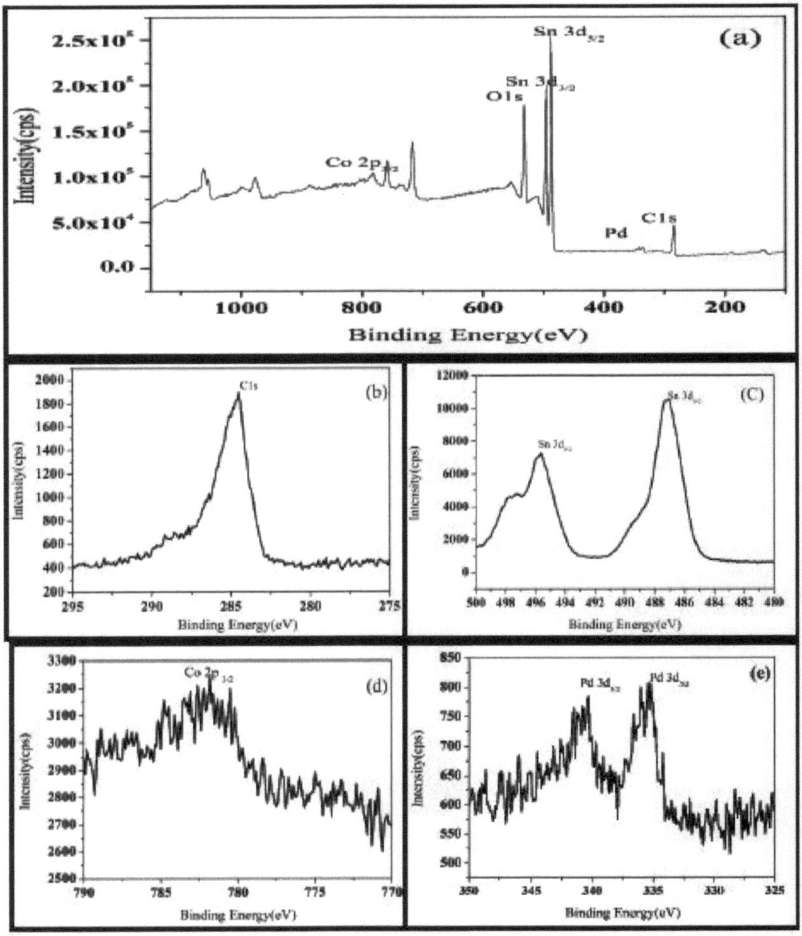

Fig. 2.6 Espectros de fotoelectrões de raios X (XPS) de (a) espetro de ângulo largo do elétrodo de grafite modificado com cobalto, (b) carbono, (c) estanho, (d) cobalto e (e) paládio no elétrodo de grafite.

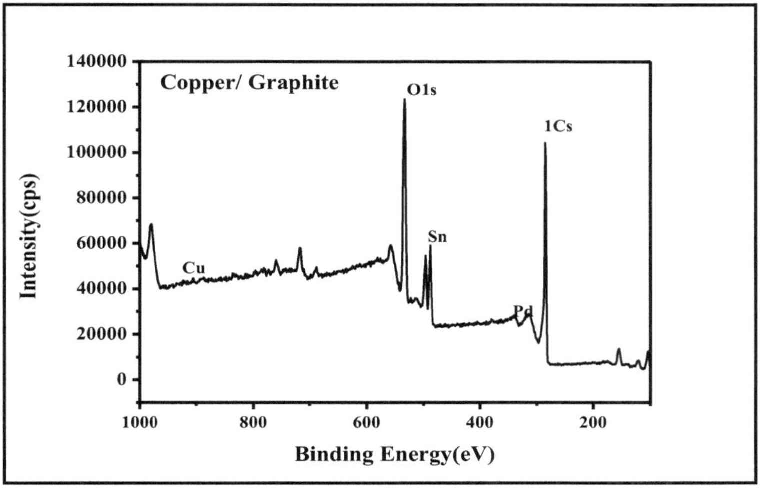

Fig. 2.7 Espectro XPS de grande ângulo de cobre/grafite

2.3.8 Estudos electroquímicos de Ni, Cu e Co depositados sobre elétrodo de grafite

2.3.8.1 Estudo eletroquímico do elétrodo de níquel/grafite

Estudos de Voltametria Cíclica* (CV) *do elétrodo de níquel/grafite

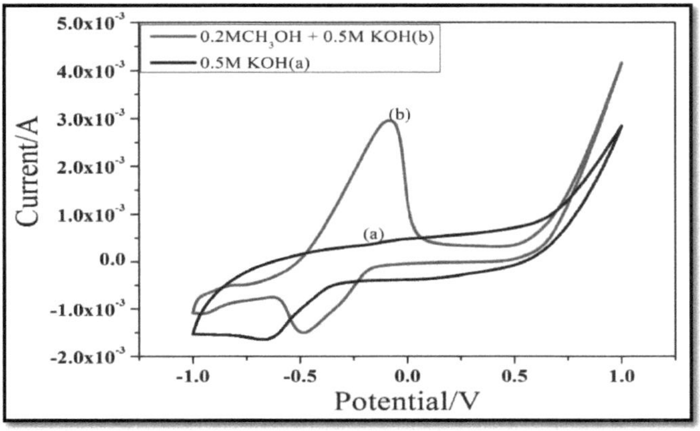

Fig. 2.8 Voltamograma cíclico do elétrodo de níquel/grafite (a) 0,5 M KOH e (b) 0,2 M de CH_3OH em O,5 M de KOH.

As experiências de voltametria cíclica foram conduzidas com álcool metílico 0,2 M em solução de KOH 0,5 M, em que Ni/Grafite foi utilizado como elétrodo de trabalho. O Calomel saturado e a Platina foram o elétrodo de referência e o contra elétrodo, respetivamente. A Fig. 2.8 é o voltamograma cíclico (CV) obtido na gama de potenciais de 0 a 1,0 V com uma velocidade de varrimento de cerca de 50 mVs^{-1}. Um pico para o par redox que aparece nos valores potenciais de– 0,089 e– 0,49 V corresponde à conversão $Ni(OH)_2$/ NiOOH [30]. Para o elétrodo de Ni/Grafite, observou-se um aumento da densidade da corrente anódica ao adicionar álcool metílico ao eletrólito de suporte. Esta coincide com o início da conversão Ni^{2+}/Ni^{3+}, atingindo o seu máximo num valor potencial de -73,02 mV. Por outro lado, a densidade de corrente diminui no sentido inverso ao do pico de redução, o que sugere o consumo de um grupo NiOOH no processo de oxidação do álcool metílico. Esta hipótese é confirmada pelo cálculo da carga sob o pico de redução do NiOOH a partir da CV, efectuada em solução de KOH, tanto na ausência como na presença de metanol 0,2 M. Verifica-se uma redução de carga devido à adição de metanol, seguida da formação de NiOOH na superfície do elétrodo. Este NiOOH produzido será consumido no processo de oxidação. Além disso, observa-se um pico de oxidação inversa na parte inicial do lado catódico, o que indica a oxidação do álcool metílico. Uma oxidação completa do álcool metílico pode ocorrer paralelamente à conversão Ni^{2+}/Ni^{3+}. Assim, os produtos intermédios ou o produto formado bloquearão os locais activos disponíveis para a adsorção do álcool metílico, retardando assim a reação de oxidação. Por conseguinte, o álcool metílico será novamente desoxidado durante a varrimento para trás, após a remoção dos produtos de oxidação a valores de potencial mais elevados [31].

A Fig. 2.9 representa o voltamograma cíclico para o elétrodo de grafite depositado com níquel. O eletrólito era composto por KOH 0,5 M com metanol em concentrações variáveis, tais como 0,025 M, 0,05 M, 0,1 M, 0,2 M, 0,5 M e 1 M. Foi observada uma alteração na resposta e correntes de pico anódicas significativas para a oxidação do álcool metílico. Estas observações são atribuídas ao par Ni^{2+}/Ni^{3+} [30, 32] e este comportamento é uma indicação de uma natureza amorfa do níquel na grafite. Isto indica a modificação da grafite por deposição de níquel. Na presença de álcool metílico, surge um pico anódico em– 0,08V. Esta é uma indicação da oxidação do álcool metílico a

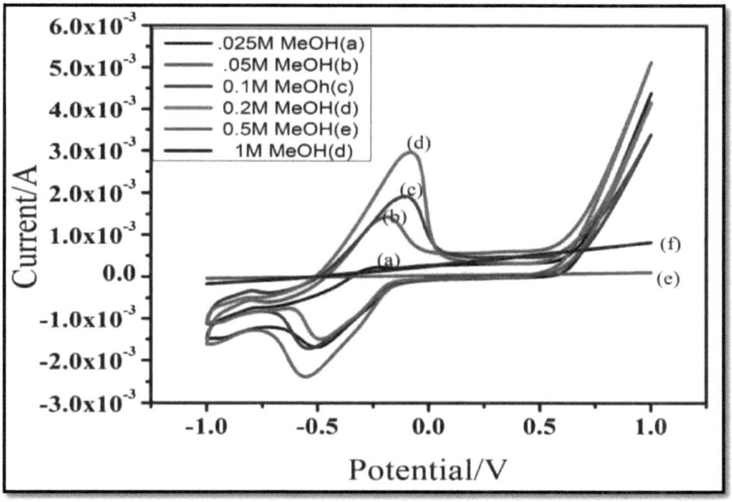

Fig. 2.9 Voltamograma cíclico do elétrodo de Ni/grafite a diferentes concentrações de metanol (a) 0,025 M, (b) 0,05 M, (c) 1 M, (d) 0,2 M, (e) 0,5 M e (f) 1 M em KOH 0,5 M à velocidade de varrimento de 50 mV s^{-1}.

nanopartículas de níquel amorfo. O aumento da concentração de metanol na solução electrolítica resulta num aumento inicial do pico de resposta até à concentração de 0,2 M. Observa-se uma resposta decrescente com o aumento da concentração de metanol. No entanto, há uma diminuição da corrente de oxidação acima da concentração de 0,5 M de metanol, o que pode ser devido ao bloqueio dos sítios activos do electro catalisador pelas moléculas de metanol por adsorção [28, 33].

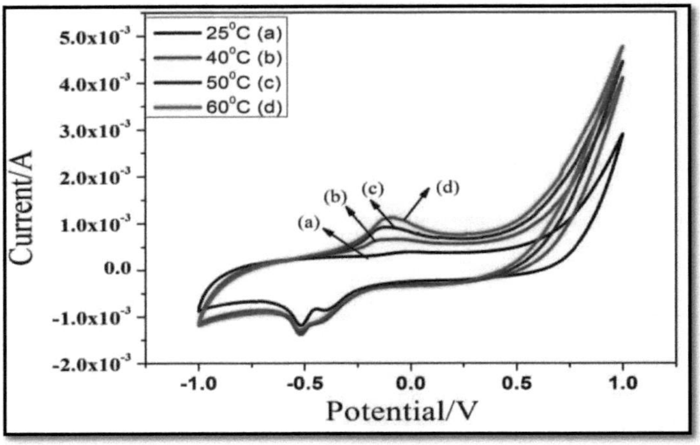

Fig. 2.10 Efeito da temperatura no voltamograma cíclico da oxidação do metanol no elétrodo de Ni/Grafite na gama de (a) 25 °C, (b) 40 °C, (c) 50 °C e (d) 60 °C com uma taxa de varrimento potencial de 50 mV s^{-1}.

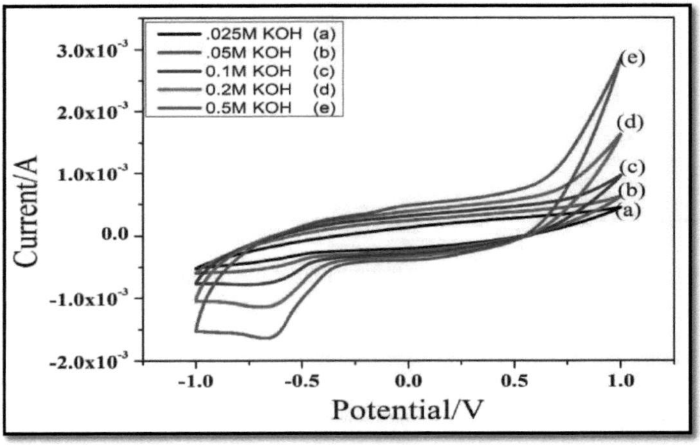

Fig.2.11 Voltamograma cíclico do elétrodo de níquel/grafite a diferentes concentrações de KOH (0,02 M, 0,05 M, 0,1 M, 0,2 M e 0,5 M) com uma velocidade de varrimento de 50 mV s^{-1}.

A Fig. 2.10 contém os voltamogramas cíclicos, para as diferentes temperaturas da experiência, de 25 a 60° C, da oxidação de metanol de cerca de 0,5 M em solução de

KOH sobre elétrodo de níquel/grafite na gama de temperaturas de 25 a 60° C. Embora a mudança de corrente e potencial da oxidação do álcool metílico não seja drástica na gama de temperaturas acima mencionada, verifica-se um aumento da taxa de reação em função da temperatura. Além disso, o elétrodo de níquel/grafite é estudado em diferentes concentrações de KOH, tais como 0,02 M, 0,05 M, 0,1 M, 0,2 M e 0,5 M. Os voltamogramas cíclicos [Fig. 2.11] mostram o aumento da corrente com o aumento das concentrações de KOH. Acima da concentração de 0,2 M de KOH, a evolução do oxigénio torna-se predominante

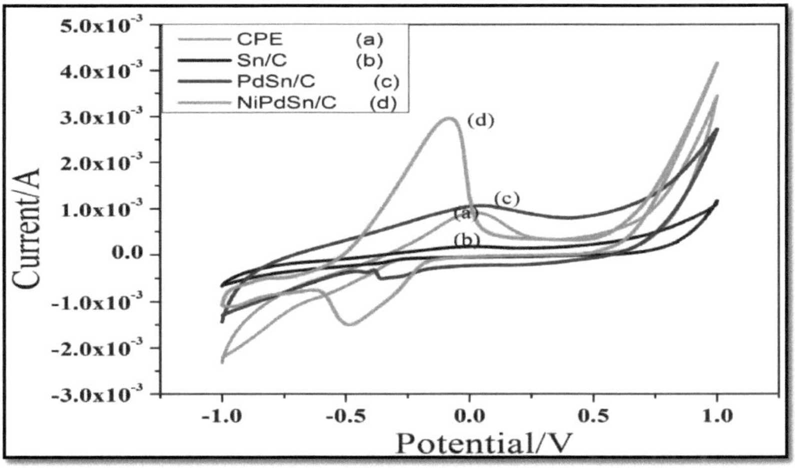

Fig. 2.12 Voltamograma cíclico de grafite (a), Sn/grafite (b), Pd/Sn/grafite (c) e Ni/Pd/Sn/grafite (d) em 0,2 M CH_3OH contendo 0,5 M KOH à velocidade de varrimento de 50 mV s^{-1}.

A Fig. 2.12 mostra os CVs de (a) grafite, (b) Sn/grafite, (c) Pd/Sn/grafite e (d) Ni/Pd/Sn/grafite. Aqui, pode ver-se que o potencial de oxidação do álcool metílico diminui e a corrente correspondente aumenta consideravelmente [34]. O passo de preparação de Sn/Grafite envolveu a corrente mais baixa quando comparada com a dos catalisadores bimetálicos. O sistema Ni/Grafite apresentou um pico de corrente anódica proeminente e intenso (Fig.2.12). O sistema Sn/Grafite não apresentou qualquer pico e o sistema Pd/Sn/Grafite respondeu de forma insignificante. Isto deve-se muito provavelmente ao envolvimento de mais do que um estado de oxidação do Sn e/ou às diferentes localizações do Sn nos diferentes ambientes da grafite funcionalizada, o que está a conduzir a diferentes potenciais de oxidação do metanol.

Tabela 2.2. Desempenho eletroquímico comparativo da oxidação do metanol em compósitos Sn/Grafite, Pd/Sn/Grafite e Ni-Pd/Sn/Grafite medido numa solução de CH_3OH 0,2M em KOH 0,5M a uma velocidade de varrimento de 50 mVs^{-1}.

	Dados de desempenho electrocatalítico		
Electrocatalisador	**Ipa(A)**	**$E_{início}$(V)**	**E_{pa}(V)**
Sn/Grafite	0.000175	-0.48±0.03	0.0
Pd/Sn/Grafite	0.00107	-0.48±0.03	0.051
Ni-Pd/Sn/Grafite	0.00296	-0.48±0.03	-0.078

O potencial de início da oxidação do metanol permanece o mesmo para os três electrocatalisadores. No entanto, em comparação com outros parâmetros electrocatalíticos, os valores da corrente e do potencial de pico anódico estão resumidos na Tabela 2.2. O Ni– Pd/Sn/Grafite é considerado o sistema catalisador mais favorável e apresentou uma densidade de corrente mais elevada quando comparado com os estados intermédios (Pd/Sn/Grafite e Sn/Grafite) do material. Acredita-se que o aumento da quantidade de OH_{ads} na superfície do catalisador favorece a formação do formato ($HCOO^-$) por acoplamento com COH_{ads}. Outros investigadores [35] também observaram o efeito benéfico do Ni no catalisador de Pd. Na literatura [36] foram apresentadas diferentes hipóteses para a oxidação do metanol (CH_3OH) sobre a superfície do elétrodo coberta com $Ni(OH)_2$ em solução de KOH. Um mecanismo proposto por Fleishmann et al. [37] para a oxidação do CH_3OH sugere que o NiOOH actua como electrocatalisador. El. Shafei [30] relatou a oxidação de CH_3OH em elétrodo de $Ni(OH)_2$/grafite modificado em KOH 0,5 M e afirmou que a oxidação de CH_3OH ocorreu através de espécies de Ni^{3+}. Também Taraszewska et al. [36,38-40] referiram a difusão de moléculas de CH_3OH para o filme de $Ni(OH)_2$ e a sua posterior oxidação por iões OH^- aprisionados no filme. De acordo com os nossos resultados, com base no processo inicial de oxidação do CH_3OH no potencial de conversão $Ni(OH)_2/NiOOH$, sugerimos um mecanismo intermédio de transferência de electrões envolvendo estados de oxidação do níquel, que está de acordo com o proposto por Fleischmann et al. [37] como se segue (mostrado nas eq.2.4 a 2.8).

$$Ni(OH)_2 + OH^- \rightarrow NiOOH + H_2O + e^- \qquad 2.4$$

$$NiOOH + CH_3OH \rightarrow NiOOH(CH3OH)_{ads} \qquad 2.5$$

$$NiOOH(CH_3OH)_{ads} + NiOOH \rightarrow Ni(OH)_2 + NiOOH(CH_3OH)_{ads} + H_2O \qquad 2.6$$

$$NiOOH(CH_3OH)_{ads} + NiOOH \rightarrow Ni(OH)_2 + NiOOH(.COH)_{ads} + H_2O \qquad 2.7$$

$$NiOOH(.COH)_{ads} + OH- \rightarrow Ni(OH)_2 + HCOO^- + H_2O \qquad 2.8$$

O efeito da variação da velocidade de varrimento aplicada para CH_3OH 0,2 M em KOH 0,5 M foi examinado pela técnica de voltametria cíclica no elétrodo de Ni/Grafite, como se pode ver na Fig. 2.13. De acordo com a equação de Randles– Sevcik, as respostas experimentais obtidas no elétrodo de Ni/Grafite como correntes de pico redox com a velocidade de varrimento aplicada (10– 150 mV s^{-1}), são diretamente proporcionais entre si. Com o aumento da velocidade de varrimento, verifica-se uma deslocação do potencial de pico anódico para valores positivos e o pico catódico para valores negativos. As correntes de pico de oxidação do Ni^{2+}/Ni^{3+} são diretamente proporcionais à velocidade de varrimento, o que significa que esta reação está confinada à superfície [34]. A fim de confirmar o processo do elétrodo, o gráfico da corrente de pico anódica (I_{pa}) versus a raiz quadrada da velocidade de varrimento ($\nu^{1/2)}$ foi traçado e o gráfico obtido é retilíneo e linear na gama de 10 a 150 mV s^{-1} (Fig. 2.13) com o coeficiente de correlação (r^2) de 0,9984. Isto sugere que o processo do elétrodo é um processo controlado por adsorção [41].

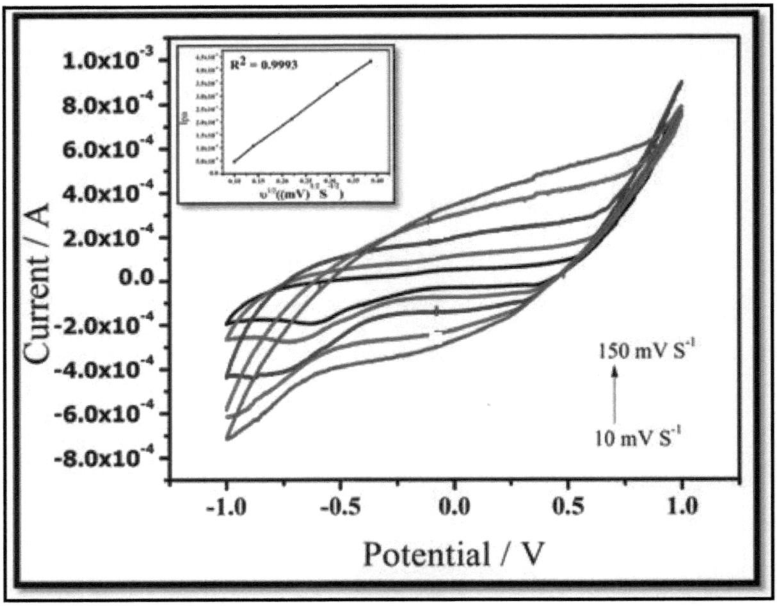

Fig. 2.13 Voltamograma cíclico do elétrodo de Ni/grafite em solução 0,2 M de CH_3OH e 0,5 M de KOH a diferentes velocidades de varrimento, como 10, 25, 50, 100 e 150 mV s^{-1}.

Área de superfície efectiva do elétrodo Ni/Grafite

Com a ajuda dos dados obtidos nos estudos de CV, a cobertura da superfície (Γ) de Ni/Grafite foi estimada utilizando a seguinte eq. (2.9)

$$\Gamma = Q/nFA \tag{2.9}$$

Nesta equação, Q é a área sob o pico anódico após correção de fundo à velocidade de varrimento de 50 mV s^{-1}. As quantidades "n" é o número de electrões envolvidos na reação redox, "F" é a constante de Faraday e "A" é a área do elétrodo [42].

O valor obtido é 2,4409 x 10^{-7} mol cm^{-2}.

O comportamento eletroquímico do elétrodo de níquel/grafite foi estudado utilizando uma solução de CH_3OH como sonda redox. A Fig. 2.10 mostra o voltamograma cíclico do elétrodo de níquel/grafite. Utilizando o mesmo par redox de metanol, o número de partículas de Ni depositadas na grafite e a área de superfície ativa efectiva do elétrodo de níquel/grafite foram estimados utilizando a equação de Randles–Sevecik (2.10) de um processo reversível [42].

$$I_{pa} = (2{,}69 x 10^5) \text{ x } n^{2/3} \text{ x } A_{eff} \text{ x } D^{1/2} \text{ x } \nu^{1/2} \text{ x } C_0 \qquad (2.10)$$

em que D, C_0, A_{eff} e ν são o coeficiente de difusão, a concentração global, a área efectiva e a velocidade de varrimento, respetivamente. Foram realizadas experiências de voltametria cíclica a diferentes velocidades de varrimento com o elétrodo de níquel/grafite numa solução de 0,2 M de CH_3OH em 0,5 M de KOH. A partir do gráfico de I_{pa} versus $\nu^{1/2}$, obteve-se um declive de 0,00134 $AV^{1/2} s^{-1/2}$. A partir do valor D do metanol, 2,7363 x 10^{-6} $cm^2 s^{-1}$[43] para n = 1, o valor calculado de A_{eff} é 1,5 x 10^{-3} cm^2.

Estudos de impedância eletroquímica do elétrodo Ni/Grafite

Os estudos de espetroscopia de impedância eletroquímica (EIS) são uma ferramenta poderosa para estudar a transferência de electrões entre a superfície de um elétrodo e o eletrólito. A Fig. 2.14 mostra os gráficos de impedância e os circuitos equivalentes correspondentes do elétrodo de grafite com revestimento de Sn e Pd sob camadas sobre as quais finalmente o metal Ni. Nestes gráficos, o semicírculo aparece na região de alta frequência. Aqui R_{Ct} representa a resistência à transferência de carga, que está em ligação paralela com a capacitância de dupla camada (C_{dl}) e W corresponde ao elemento de difusão de Warburg que é atribuído à difusão de iões. O circuito equivalente contém o elemento de resistência da solução a granel (R_s), o elemento de fase constante, (Q_1) que é paralelo a R_{ct} e a capacitância de baixa frequência, (Q_2) que, por sua vez, é paralela a (R_l), que é a resistência de fuga. O espetro de impedância consiste no arco deprimido com um diâmetro mais pequeno na gama de alta frequência, que se deve à reação de transferência de carga. A parte linear inclinada encontra-se na gama de baixas frequências, o que é atribuído à impedância de Warburg [44].

Com o elétrodo (a), não há arco na região de alta frequência, o que indica uma baixa resistência à carga e uma elevada capacitância. O espetro EI (b) do elétrodo de grafite revestido com Sn mostra um enorme arco na região de alta frequência, o que implica uma atividade catalítica muito fraca da superfície de Sn. No espetro EI do elétrodo Ni/Pd/Sn/grafite (d), o arco parece ser menor quando comparado com a superfície Pd/Sn/grafite (c). Isto implica uma maior capacitância e atividade catalítica do elétrodo (d). A Tabela 2.3 enumera os parâmetros, R_{Ct} e C_{dl}, que estão relacionados com as propriedades catalíticas dos materiais activos obtidos através da adaptação dos dados experimentais de acordo com o circuito equivalente. A diminuição de R_{Ct} e o aumento de C_{dl} indicam a atividade catalítica superficial do elétrodo de grafite revestido de metal.

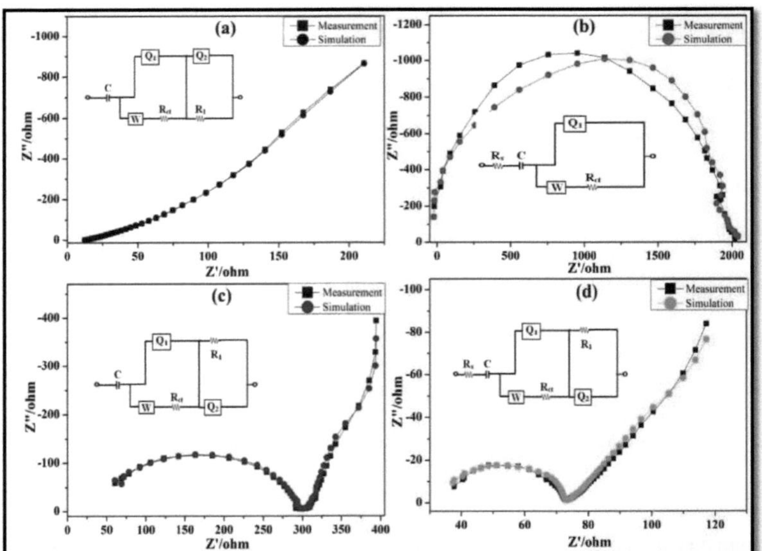

Fig.2.14 Gráficos de Nyquist e circuitos equivalentes de (a) Grafite, (b) Sn/Grafite, (c) PdSn/Grafite e (d) NiPdSn/Grafite em soluções de CH_3OH 0,2 M e KOH 0,5 M.

Tabela 2.3. Estudos comparativos de impedância dos compósitos de grafite, Sn/Grafite, Pd/Sn/Grafite e Ni/Pd/Sn/Grafite numa solução de CH_3OH 0,2M e KOH 0,5M a uma velocidade de varrimento de 50 mVs^{-1}.

Nome do elétrodo	R_{Ct}/Ω	C_{dl}/F
Grafite	11.67	0.2406×10^{-3}
Sn/Grafite	2020.0	1.009×10^{-9}
Pd/Sn/Grafite	209.3	0.5577×10^{-3}
Ni/Pd/Sn/Grafite	38.84	13.69×10^{-3}

2.3.8.2 Estudos electroquímicos do elétrodo de cobalto/grafite.

Estudos de Voltametria Cíclica do Elétrodo de Grafite de Cobalto.

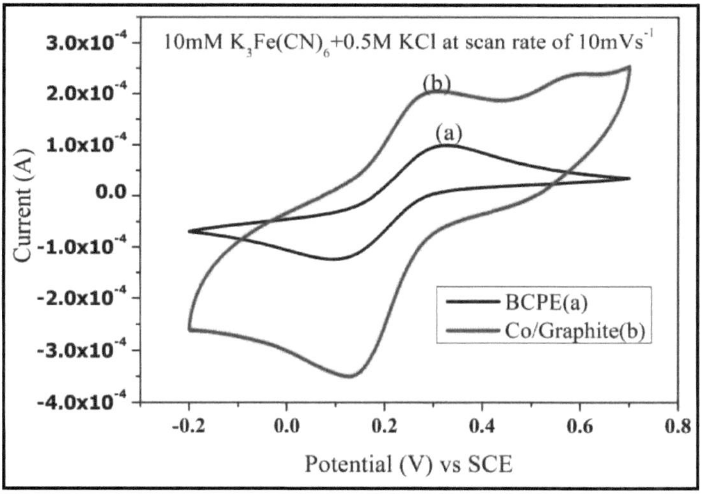

Fig. 2.15 Voltamograma cíclico de grafite (a) e Co/Grafite (b) em 10 mM de ferricianeto de potássio em KCl 0,5 M à velocidade de varrimento de 10 mVs^{-1}.

A Fig. 2.15 mostra o voltamograma cíclico observado para o sistema redox do elétrodo de pasta de carbono nu (grafite) e do elétrodo de cobalto/grafite à velocidade de varrimento de 10 mVs^{-1}. Foi colocada no sistema eletroquímico uma solução recentemente preparada de 10 mM de ferricianeto de potássio em cloreto de potássio 0,5 M. Os potenciais de pico anódico e catódico do elétrodo de grafite foram de 0,31 V e 0,106 V, respetivamente, e a diferença de potencial de pico redox (ΔE_P) foi de 0,2 V. Os potenciais de pico anódico e catódico são de 0,30 V e 0,144 V e o ΔE_p é de 0,156 V. O elétrodo de Co/Grafite apresenta uma melhoria significativa na corrente de pico redox . Isto confirma a excelente atividade electrocatalítica de Co/Grafite [45].

Os CVs na Fig. 2.16 para os eléctrodos (a) Grafite, (b) Sn/Grafite, (c) Pd/Sn/Grafite e (d) Co/Grafite indicam a diminuição do potencial de oxidação do álcool metílico e aumentos consideráveis na corrente correspondente [46]. A etapa de preparação de Sn/Grafite envolveu a corrente mais baixa quando comparada com a dos catalisadores bimetálicos (Pd/Sn).

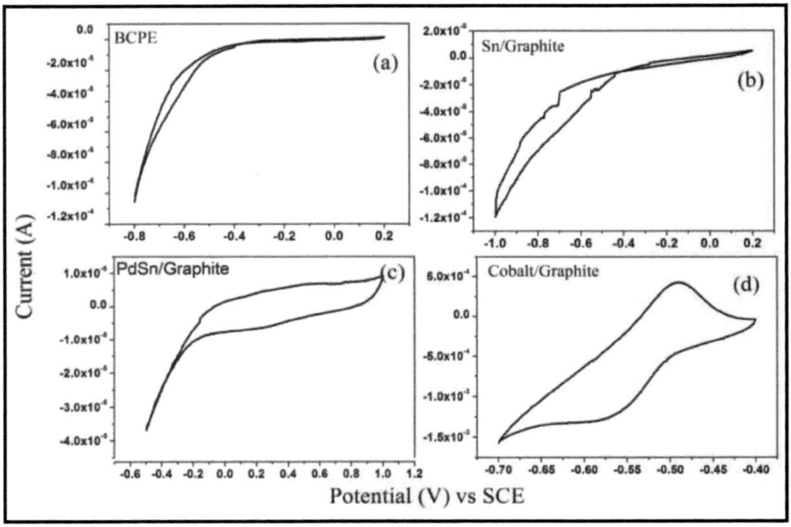

Fig. 2.16 Voltamograma cíclico dos eléctrodos de grafite (a), Sn/grafite (b), Pd/Sn/grafite (c) e Cobalto/grafite em metanol 0,1 M em ácido sulfúrico 0,5 M à velocidade de varrimento de 100 mVs^{-1}

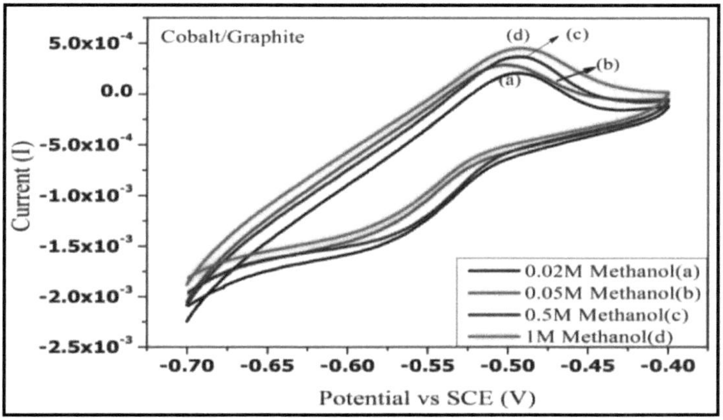

Fig. 2.17 Voltamograma cíclico do elétrodo de cobalto/grafite em diferentes concentrações de metanol, tais como (a) 0,02 (b) 0,05 (c) 0,5 e (d) 1M em 0,2M H_2SO_4

O sistema Co/Grafite mostrou um pico de corrente anódica proeminente e intenso (Fig.2.16). O sistema Sn/Grafite não apresentou qualquer pico e o sistema Pd/Sn/Grafite respondeu de forma insignificante [47].

A Fig. 2.17 representa o voltamograma cíclico do elétrodo de cobalto/grafite. O eletrólito era constituído por 0,2 M de H_2SO_4 com concentrações de metanol cada vez mais variáveis, tais como 0,02 M, 0,05 M, 0,5 M e 1 M. Observa-se uma mudança na resposta e uma corrente de pico anódica significativa para a oxidação do metanol. Na presença de metanol, o potencial de pico inicial aparece a -0,47 V, o que é consistente com a oxidação de metanol em nanopartículas de cobalto sobre grafite. A Fig. 2.17 mostra que o aumento da concentração de metanol conduz a um aumento da corrente. Observa-se que o aumento da concentração de metanol até 1 M indica a extensão da oxidação do metanol na superfície do cobalto/grafite. Isto é consistente com muitos electrocatalisadores relatados. O potencial de pico inicial é um parâmetro importante, que mostra a atividade electrocatalítica do elétrodo de Co/grafite. O potencial de pico de arranque pode ser utilizado para avaliar a eficiência do electrocatalisador. Quanto mais negativo for o potencial de início da oxidação do metanol , maior será a atividade electrocatalítica do material. Este facto está também de acordo com os resultados relatados [48,49]. O mecanismo da atividade electrocatalítica do sistema Co/grafite para a oxidação do metanol pode ser explicado com base em relatórios anteriores da literatura [50-52], como se segue:

$$CH_3OH + Co \rightarrow CoCH_2OH + H^+ + e \quad (2.11)$$

$$CoCH_2OH + Co \rightarrow Co_2CHOH + H^+ + e \quad (2.12)$$

$$Co_2CHOH + Co \rightarrow Co_3COH + H^+ + e \quad (2.13)$$

$$Co_3COH + H_2O \rightarrow 3Co + 3H^+ + 3e \quad (2.14)$$

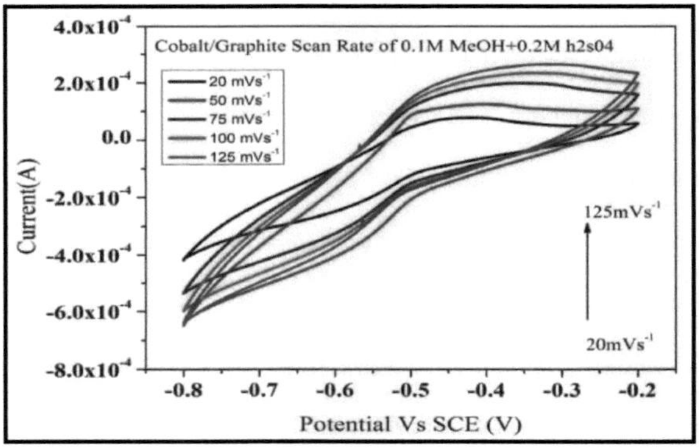

Fig. 2.18 Voltamograma cíclico do elétrodo de Co/Grafite numa mistura de metanol 0,1M em solução de H_2SO_4 0,2M a diferentes velocidades de varrimento, tais como 20, 50, 75,100 e 125 mV s^{-1}

Foi investigado o efeito da velocidade de varrimento na oxidação de 0,1 M de metanol em ácido sulfúrico 0,2 M com o electrocatalisador de cobalto/grafite (Fig. 2.16). Os estudos da velocidade de varrimento são úteis para investigar a fase de controlo da velocidade. Por exemplo, a variação linear das densidades de corrente em função da velocidade de varrimento indica que o processo de electro-oxidação do metanol é caracterizado por um processo controlado por difusão [49]. Como se pode ver na Fig. 2.18, a velocidade de varrimento indica o passo de controlo da velocidade, que é outro processo e não a difusão. A densidade da corrente é praticamente nula entre 25 e 60° C.

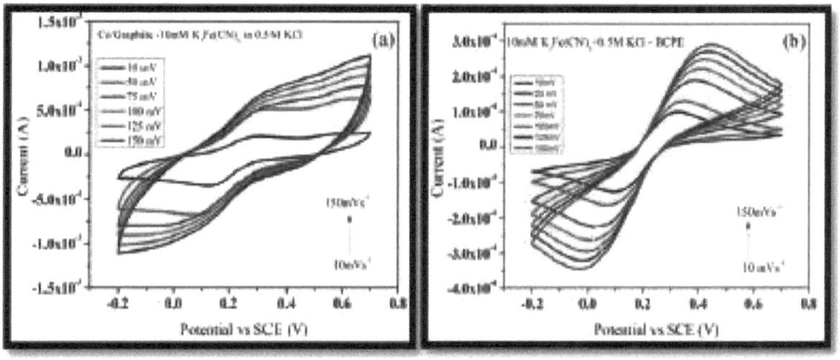

Fig. 2.19 Voltamograma cíclico de (a) elétrodo de Co/Grafite e (b) elétrodo de Grafite numa mistura de Ferricianeto de Potássio 10 mM em solução de KCl 0,5M a diferentes velocidades de varrimento de 10 a 150 mVs^{-1}.

A Fig. 2.19 representa os voltamogramas cíclicos, correspondentes ao elétrodo de Co/Grafite e ao elétrodo de Grafite em 10 mM de $K_3Fe(CN)_6$ em soluções de KCl 0,5M a diferentes velocidades de varrimento (v =10 - 150 mV s^{-1}). Observa-se que o potencial de pico anódico se desloca para o lado positivo e o pico catódico se desloca para o lado negativo. As correntes de pico de oxidação e redução são diretamente proporcionais às velocidades de varrimento, o que significa que a reação está confinada à superfície.

O comportamento eletroquímico do elétrodo de cobalto/grafite foi estudado utilizando uma solução de $K_3Fe(CN)_6$ como sonda redox. Utilizando o mesmo par redox do sistema, o número de nanopartículas de cobalto depositadas na grafite e a área de superfície ativa foram estimados utilizando a equação de Randles-Sevecik de um processo reversível, como se mostra na eq. 2.10.

Foram registados voltamogramas cíclicos para diferentes velocidades de varrimento utilizando eléctrodos de Co/Grafite e de Grafite no sistema $K_3Fe(CN)_6$ [53]. A área de superfície ativa efectiva do elétrodo de Cobalto/Grafite foi de 9,725x10^{-5} cm^2, o que é um valor mais elevado quando comparado com $1,445x10^{-6}$ cm^2 do elétrodo de Grafite (BCPE). A fim de conhecer o processo do elétrodo, foi traçado o gráfico da corrente de pico anódica (Ip_a) versus a raiz quadrada da velocidade de varrimento (ν) em . O gráfico obtido apresenta uma boa linearidade. É uma linha reta na gama de velocidades de varrimento de 10 a 150 mV S^{-1}, como se mostra na fig. (2.19). O coeficiente de correlação (r^2) da grafite e do Co/grafite foi calculado em 0,99 e 0,96, respetivamente. O processo é considerado um processo controlado por adsorção [30].

1. Estudos de impedância eletroquímica do elétrodo de Co/Grafite:

A Fig.2.18 (a) representa os resultados obtidos a partir do EIS. Os eléctrodos de grafite, Sn/Grafite, PdSn/Grafite e Co/Pd/Sn/Grafite foram estudados numa solução de KCl 0,5 M contendo 5mM de $[Fe(CN)_6]^{3-/4-}$ numa gama de frequências entre 1 Hz e 1 M Hz. A atividade eletroquímica é regida pela seguinte eq. 2.15 [54].

$$[Fe(CN)_6]^{4-} \rightarrow [Fe(CN)_6]^{3-} + e \qquad (2.15)$$

A Fig. 2.20 mostra os gráficos de impedância eletroquímica para Co/grafite em estado estacionário. Os estudos de impedância deste elétrodo mostram um semicírculo deprimido da resistência à transferência de carga na gama de alta frequência e um declive relacionado com a região de baixa frequência da impedância de Warburg [55,56]. A impedância do Co/grafite é muito menor, o que implica que a reação eletroquímica neste elétrodo se processa mais facilmente devido à menor resistência à transferência de carga. O espetro de impedância consiste no arco deprimido com um diâmetro mais pequeno na gama de alta frequência, o que se deve à reação de transferência de carga. Este é inclinado na gama de baixa frequência, o que é atribuído à impedância de Warburg [57]. Com o elétrodo (a) não existe arco na região de alta frequência, o que mostra a baixa resistência à transferência de carga e a elevada capacitância quando a grafite é revestida com Sn.

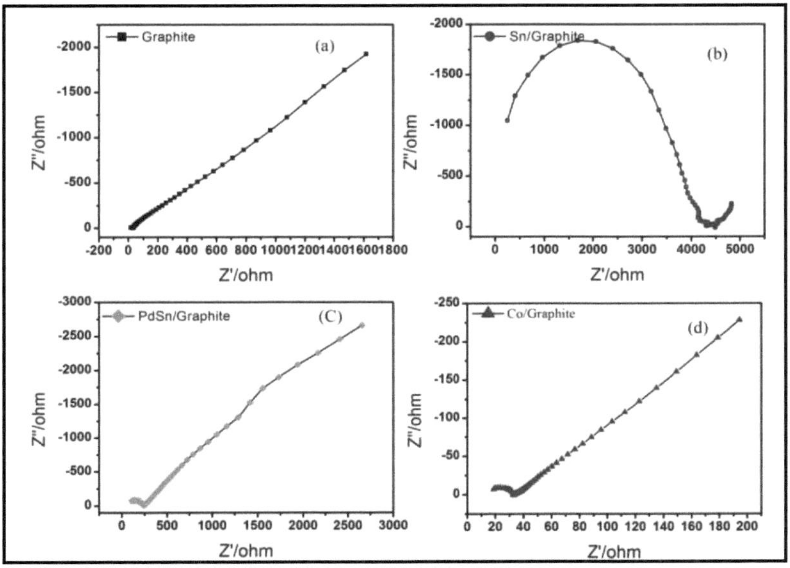

Fig. 2.20 Gráfico de Nyquist e circuitos equivalentes do elétrodo de Co/Grafite em 5 mM de $K_3Fe(CN)_6$ e solução de KCl 0,5M.

O espetro EI do elétrodo de grafite (b) revestido com Sn mostra um enorme arco na região de alta frequência, o que implica uma atividade catalítica muito fraca da superfície de Sn. No espetro EI, o arco que aparece com o elétrodo Co/grafite, (d) é menor quando comparado com a superfície Pd/Sn/grafite, (c) o que implica uma maior capacitância para o elétrodo (d) e também uma maior atividade catalítica. A Tabela 2.4 enumera os parâmetros R_s,R_{Ct}, C_{dl} e W, que estão relacionados com as propriedades catalíticas dos materiais activos, obtidos através da adaptação dos dados experimentais de acordo com o circuito equivalente. A diminuição de R_{Ct} e o aumento de C_{dl} indicam a atividade catalítica superficial do elétrodo de grafite revestido de metal.

Tabela 2.4. Estudos comparativos de impedância dos eléctrodos de grafite, Sn/Grafite, Pd/Sn/Grafite e Co/Pd/Sn/Grafite numa solução 10 mM de $K_3Fe(CN)_6$ e 0,5M de KCl a 50 mV s^{-1}.

Nome dos eléctrodos	R_s/Ω	R_{ct}/Ω	C_{dl}/F	W
Grafite	13.29	10.19	2.198×10^{-8}	0.1604×10^{-2}
Sn/Grafite	62.24	4132	1.611×10^{-10}	0.0486×10^{-2}
Pd/Sn/Grafite	50.95	161.4	1.493×10^{-9}	0.01396×10^{-2}
Co/Pd/Sn/Grafite	14.01	17.24	1.728×10^{-8}	0.1857×10^{-2}

2.3.8.3 Estudos electroquímicos do elétrodo de cobre/grafite

Estudos de Voltametria Cíclica

As caraterísticas electroquímicas destes catalisadores analisadas por CV são mostradas na Fig. 2.21. As experiências de voltametria cíclica foram realizadas em meio alcalino e ácido. Primeiro na presença de metanol 0,5 M com hidróxido de potássio 0,5 M e depois de metanol 0,5 M com ácido sulfúrico 0,5 M. O elétrodo de grafite decorado com cobre apresentou uma corrente de pico e uma tensão elevadas em meio ácido, em comparação com o meio alcalino. As nanopartículas de Cu com pó de grafite apresentaram uma boa atividade catalítica em meio ácido.

O elétrodo com partículas de Cu incorporadas na grafite revelou-se cataliticamente ativo, enquanto que o elétrodo de grafite modificado em meio ácido apresentou uma elevada atividade catalítica positiva e uma tensão de regulação. Isto indica as propriedades de um sistema ânodo-catalisador para células de combustível de metanol [5]. O pico da corrente de oxidação do metanol do elétrodo de grafite modificado com cobre em meio ácido foi de 1,1 V w.r.t SCE para a varredura para a frente. A região potencial de 0,5 V a 1,2 V demonstrou uma elevada área de superfície electroquimicamente ativa para os catalisadores de Cu/grafite.

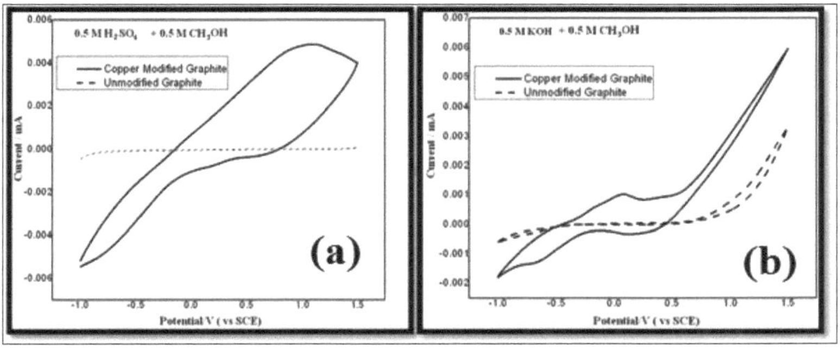

Fig. 2.21 Estudos CV do elétrodo de grafite e cobre/grafite para a oxidação do metanol em meio ácido (a) e alcalino (b).

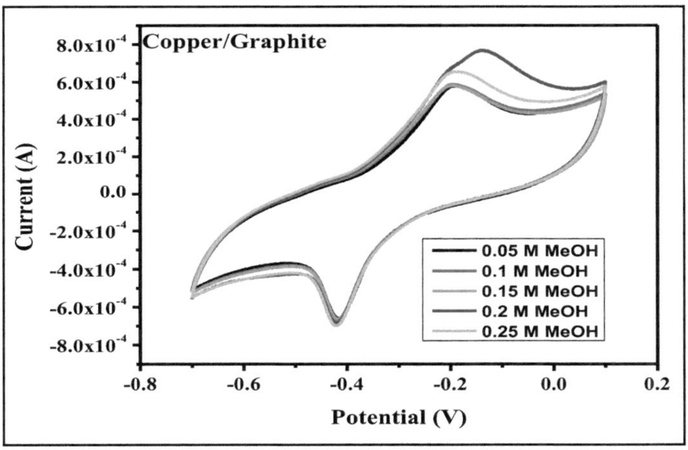

Fig. 2.22 Voltamograma cíclico do elétrodo Cu/Grafite a diferentes concentrações de metanol (a) 0,05 M, (b) 0,1 M, (c) 0,15 M, (d) 0,2 M, (e) e 0,25 M (f) em KOH 0,5 M a 50 mVs^{-1} velocidade de varrimento

A Fig. 2.22 representa o voltamograma cíclico para o elétrodo de grafite depositado com cobre. O eletrólito era constituído por KOH 0,5 M com metanol em concentrações variáveis, tais como 0,05 M, 0,05 M, 0,1 M, 0,2 M e 0,25 M . Foi observada uma alteração na resposta e um pico anódico significativo para a oxidação do metanol.

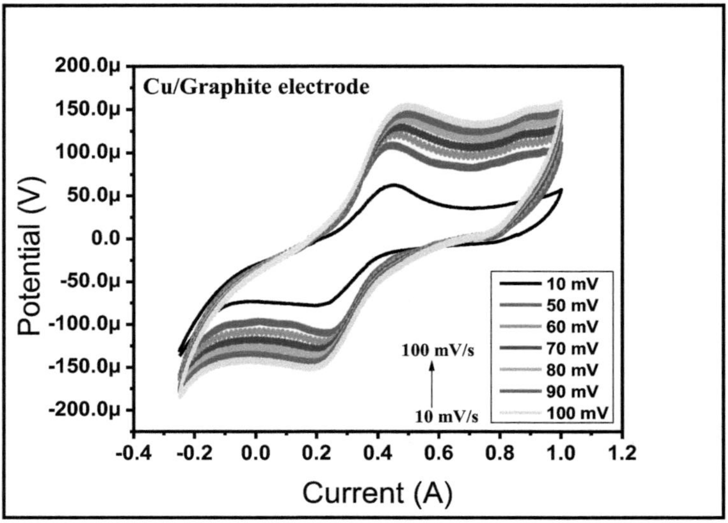

Fig. 2.23 Voltamograma cíclico do elétrodo de Cu/grafite numa mistura de ferricianeto de potássio 10 mM em solução de KCl 0,5 M a diferentes velocidades de varrimento de 10 a 100 mV s^{-1}.

Foram registados voltamogramas cíclicos para diferentes velocidades de varrimento utilizando o elétrodo de cobre/grafite em 5 mM de $K_3Fe(CN)_6$ num sistema de KCl 0,5 M. A área de superfície ativa efectiva do elétrodo de cobre/grafite foi de $5{,}323\times10^{-5}$ cm^2. A fim de conhecer o processo do elétrodo, foi traçado o gráfico da corrente de pico anódica (Ip_a) versus a raiz quadrada da velocidade de varrimento (ν). O gráfico obtido apresenta uma boa linearidade. É uma linha reta na gama de velocidades de varrimento de 10 a 100 mV S^{-1}, como se mostra na fig. (2.23). O coeficiente de correlação (r^2) de Cu/grafite foi calculado em 0,99. O processo é considerado um processo controlado por adsorção [30].

2. Estudos de impedância eletroquímica do elétrodo Cu/Grafite

A Fig. 2.24 apresenta o EIS para Cu/Grafite em estado estacionário. Os estudos de impedância deste elétrodo mostram um semicírculo deprimido da resistência à transferência de carga na gama de alta frequência e um declive relacionado com a região de baixa frequência da impedância de Warburg [55-56]. A impedância de Cu/Grafite é muito menor, o que implica que a reação eletroquímica neste elétrodo se processa mais facilmente devido à menor resistência à transferência de carga. No circuito, a parte *W* de Warburg representa a gama de impedância de baixa frequência. A curva Q_1 representa a constante, que é paralela à resistência de transferência de carga (R_{ct}) e também à capacitância de baixa frequência (Q_2), e paralela à resistência de saída (R_l) [57].

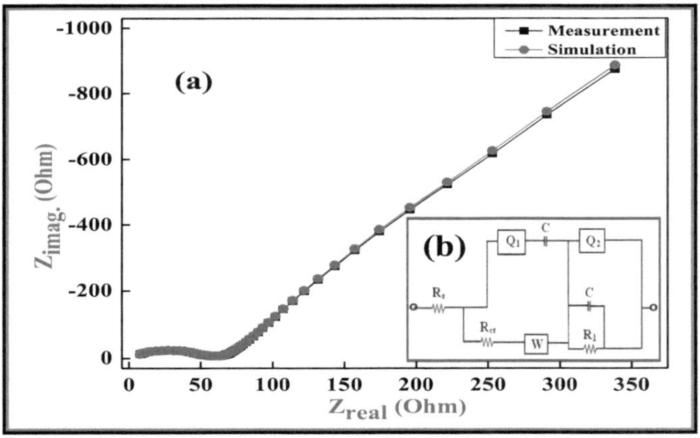

Fig.2.24 Gráfico de Nyquist e circuitos equivalentes do elétrodo de Cu/Grafite em 5 mM de $K_{(3)}Fe(CN)_6$ e solução de KCl 0,5 M.

Conclusões

Preparámos com sucesso um electro-catalisador eficiente através da deposição electroless de nanopartículas de níquel, cobalto e cobre em substrato de grafite. As técnicas analíticas tais como FESEM, XRD, EDX, ZPA, XPS, CV e EIS permitiram inferir substancialmente a deposição, composição, morfologia e atividade do pó de metal/grafite. A superfície da grafite foi activada pela introdução de núcleos catalíticos e depositada por imersão electrolítica. O método proporciona uma forma eficiente e económica de obter a grafite depositada com nanopartículas de níquel, cobalto e cobre. Os materiais podem ser utilizados como sistema electrocatalítico de elétrodo eficaz para a aplicação em células de combustível e foram testados para a oxidação do metanol. Os estudos electroquímicos da oxidação do metanol foram efectuados utilizando a voltametria cíclica e a espetroscopia de impedância. Os resultados obtidos indicaram que os catalisadores de Ni, Co e Cu suportados em grafite serviriam como melhores sistemas de electrodo-electrocatalisador para aplicação em células de combustível.

Referências

[1] Y. Shao, J. Liu, Y. Wang, Y. Lin, J. Mater. Chem. 19 (2009) 46-59.

[2] G. Girishkumar, K. Vinodgopal, P.V. Kamat, J. Phys. Chem. B 108 (2004) 19960 -19966.

[3] Y. Lin, X. Cui, C. Yen, C.M. Wai, J. Phys. Chem. B 109 (2005) 14410-14415.

[4] W.Z. Li, C.H. Liang, W.J. Zhou, J.S. Qiu, Z.H. Zhou, G.Q. Sun, Q. Xin, J. Phys. Chem.B107 (2003) 6292-6299.

[5] G. Wu, L. Li, J.H. Li, B.Q. Xu, J. Power Sources 155 (2006) 118-127.

[6] J.J. Wang, G.P. Yin, Y.Y. Shao, Z.B. Wang, Y.Z. Gao, J. Phys. Chem. C 112 (2008) 5784-5789.

[7] X. Wang, W.Z. Li, Z.W. Chen, M. Waje, Y.S. Yan, J. Power Sources 158 (2006) 154-159.

[8] Y.C. Xing, J. Phys. Chem. B 108 (2004) 19255-19259.

[9] P.V. Shanahan, L.B. Xu, C.D. Liang, M. Waje, S. Dai, Y.S. Yan, J. Power Sources 185 (2008) 423-427.

[10] E.S. Steigerwalt, G.A. Deluga, D.E. Cliffel, C.M. Lukehart, J. Phys. Chem. B105 (2001) 8097-8101.

[11] H. Chang, S.H. Joo, C. Pak, J. Mater. Chem. 17 (2007) 3078-3088.

[12] F.B. Su, J.H. Zeng, X.Y. Bao, Y.S. Yu, J.Y. Lee, X.S. Zhao, Chem. Mater. 17 (2005) 3960-3967.

[13] Y.Y. Song, Y. Li, X.H. Xia, Electrochem. Commun. 9 (2007) 201-205.

[14] Z.H. Wen,Q. Wang, Q. Zhang, Electro chem. Commun. (2007) 1867-72.

[15] Y.Y. Shao, G.P. Yin, Y.Z. Gao, J. Power Sources 171 (2007) 558-566.

[16] J. Zhang, K. Sasaki, E. Sutter, R.R. Adzic, Science 315 (2007) 220-222.

[17] Y. Shao-Horn, W.C. Sheng, S. Chen, P.J. Ferreira, E.F. Holby, D. Morgan, Top. Catal.46 (2007) 285-305.

[18] L.M. Ang, T.S.A. Hor, G.Q. Xu,C.H. Tung, S.P. Zhao, J.L.S. Wang, CARBON 38 (2000) 363- 372.

[19] M. Palanippa, G. Veera Babu, K. Balasubramanian (2007) A 471: 165-168.

[20] L.M. Ang, T.S.A. Hor, G.Q. Xu, C.H. Tung, S.P. Zhao, J.L.S. Wang, CARBON 38 (2000) 363- 372.

[21] M. Uysal, R . Kar slioglu, ˘ A. Alp, H. Akbulut (2011). App. Surface Sci. 257: 10601-10606.

[22] Yu-Qing Kang, Mao-Sheng Cao , Xiao-Ling Shi, Zhi-Ling HouSurf, Surface & Tecnologia de Revestimentos. 201 (2007) 7201-7206.

[23] X. Hui, K. Yu-Qing, Z. Lu, J. Hai-Bo, W. Bo, W. Bao-L˙ I, Y. Jie, C. Mao-Sheng (2010) Chin. Phys. Lett. 27 (2010) 058103-58104.

[24] Wenbin Yang, Yanyan Fu, An Xia, Kai Zhang, Zhi Wu, Journal of alloys and compounds, 518 (2012) 6-10.

[25] K.R. Vishnu Mahesh, B.E. Kumar Swamy, N. Raghavendra, Sridhar, M.Krishna Front. Chem. China 6(2) (2011) 153-158.

[26] Wenbin Yang, Yanyan Fu, An Xia, Kai Zhang, Zhi Wu, J. alloys and compounds, 518 (2012) 6-10.

[27] Risbud M S, Baxter S, Kazocos M. The open fuels & Energy Science Journal. 5 (2012) 9-20.

[28] Feng Wang, Susumu Arai, Morinobu Endo. Carbono 43 (2005) 1716-1721.

[29] Tendamudzimu Ramulifho, Kenneth I. Ozoemena, Remegia M. J. Electrochim Ata, 59 (2012) 310-320.

[30] Riyanto1, Mohamed Rozali Othman, Int. J. Electrochem. Sci., 10 (2015) 4911 -21.

[31] A.A. El-shafei J. Electroanalytical Chem. 471 (1999) 89-95

[32] R.M. Abdel Hameed, Khatib KM. Int. J. Hydrogen Energy 35 (2010) 2517-19.

[33] M.A. Abdel Rahim, R. M. Abdel Hameed, M. W Khalil, J. Power Sources 134 (2) (2004) 160-169.

[34] R.S. Amin, R.M. Abdel Hameed, K.M El-Khantib, Elayed Youssef, Int. J. Hydrogen Energy 39 (2014) 2026 -2041.

[35] S. Ferdowsi Gh, S.A Seyedsadjadi, A. Ghaffarinej J. Nanostruct chem. 5 (2015) 17-23.

[36] Tendamudzimu, Ramulifho, Kenneth I. Electrochimica 9(2012) 310-320.

[37] A.N. Golikand, M. Asgar, M.G. Margesh, S. Shahrokhian, J. Electro. Anal. Chem. 588 (2006) 155-160.

[38] M. Fleischmann, K. Korineck, D. Pletcher J Electro anal chem and Interfacial electrochem 31(1971) 39- 49.

[39] J. Taraszewska. G. Roslonek, J. Electro. Anal. chem. 364 (1994) 209 - 213.

[40] A.N. Golikand, Mehdi, J. Electro. Anal. Chemistry 588 (2006) 155-160.

[41] C. Xu, Y. Hu, Jianhua Rong. Eletroquímica 9 (2007) 2009-2012

[42] P.S. Ganesh, B.E.K Swamy J. Electro analytical chem. 752 (2015) 17-24

[43] A.J. Bard, Faulkner. Métodos electroquímicos: fundamentos e aplicações.

LR (2000) Wiley.
[44] P. Msimelelo, Siswana, I. Kenneth, Ozemena, Tebello Nyokong, Electrochimica Ata 52 (2006) 114 - 122.
[45] X.-Y. Wang, J. Yan, H. -T. Yuan, Y. -S. Zhang, D. -Y. Song. Int. J. Hydrogen energy 24 (1999) 973 - 980.
[46] K.R. Mahanthesha, B.E. Kumara Swamy, J. Electroanal. Chem. 703 (2013) 1-8.
[47] Ferdowsi Gh, S.A. Seyedsadjadi, A. Ghaffarinejad J. Nanostruct. chem. 5 (2015) 17-23.
[48] Was muss, A. Kuver, J. Electroanal Chem, 461 (1999) 14-22.
[49] H. Heli, M. Jafarian, M.G. Mahjani, F. Electrochimica Ata, 49 (2009) 4999 - 5006.
[50] N.A. Barakat, M.A. Abdelkareem, A. Yousef, S.S. Al-Deyab, M. El-Newehy, H.Y. Kim, Int J Hydrogen Energy, 38 (2013) 183-195.
[51] Hamnett A, Catal. Today, 38 (1997) 445-457.
[52] C. Campbell, G. Ertl, H. Kuipers, Segner J. Surf Sci, 107 (1981) 220-236.
[53] A. Khan, R. Ahmed, M.L. Mirza: Port Electrochim Ata 27 (2009) 429-441.
[54] , B.E. Kumara Swamy, J. Electroanalytical Chemistry, 752 1 (2015) 17-24.
[55] V. Mancier, A. Me' trot, P. Willmann, Electrochim. Ata. 41 (1996) 59-65.
[56] B. Liu, H.T. Yuan, Y.S. Zhang, Int. J. Hydrogen Energy 29 (2004) 453-58.
[57] M.R. Sarpoushi, M. Nasibi, M.A. GolozarM.R.Shishesaz, 26 (2014) 374-378.

MIX
Papier aus verantwortungsvollen Quellen
Paper from responsible sources
FSC® C105338

Printed by Books on Demand GmbH, Norderstedt / Germany